职业人格培养论

Research on Occupational Personality Cultivation

◎ 吴建斌 著

浙江大学出版社
ZHEJIANG UNIVERSITY PRESS

前 言
PREFACE

　　一个职业人格健全的人，首先必须是一个人格健全的人，要想完善自我，就要有"水"一样的人格，即所谓的"海纳百川，有容乃大"。我们就如同大理石或花岗岩，天生的质地不能改变，但我们可以选择重新打造我们的外形，可以选择改变我们人格中的某些特点，重新塑造我们的人格。完善人格的核心问题是改变自己的心智模式。心智模式决定思想感情，思想感情决定日常行为，日常行为就会成为一种习惯，习惯就会形成一种人格，而人格可以决定命运。

　　职业人格决定着职业发展的长远。事业的成功与否，同职业人格密切相关。一个受人欢迎、容易与人沟通和相处的人，往往是一个人格发展得比较均衡的人。一个人如果能有意识地均衡发展自己的人格，他在工作和事业中便能左右逢源、如鱼得水。

　　每个人都有其特定的优势与长处，如果一个人从事的职业与他的人格相适应，并有能力相支撑时，他工作起来就会得心应手，心情舒畅，也就会提高自身工作的满意度，增强工作绩效，进而容易取得成功。如果人格与职业不适应，人格就会阻碍工作的顺利进行，使从业者感到被动，缺乏兴趣，力不从心，精神紧张，给个人发展和组织发展都造成不良影响。每个人都是一座宝藏，每一种人格都有优点和缺点，能积极认识自身的人格特点，发扬人格中好的一面，克服坏的一面，就是一种人格上的自我完善。

　　谋求职业是一个重大问题，在职业岗位上获得良好发展，更是一个重大问题。无论是谋求职业还是寻求在职业岗位上的良好发展，首先都需要劳动者具有良好的职业素质。全面提高劳动者职业素质，一直受到党和政府以及社会各界的高度重视，特别是培养一线应用型人才的各类职业院校，更加重视对学生职业素质的培养。

　　职业人格是职业人在其职业劳动过程中形成的优良的情感意志、合理的智能结构、稳定的道德意识和个体内在的行为倾向性，它既是人的基本素质之一，又是人的职业素质的核心部分。职业人格的基本内涵主要包括：职业性格、职业兴趣、职业动机、职业态度、职业能力、职业道德等，其具体内容笔者在本书中将以各章形式分别阐述。

第一、二章是职业人格培养的总论,主要介绍职业与职业化、人格与职业人格的内涵,相关的理论基础以及影响因素,职业人格培养的重要意义和途径。职业既是一个人的生存方式,也是人的一种重要的生活方式,职业是关系个人前途的大事,职业及其活动内容可能成为个人的奋斗目标和为之奉献一生的事业。人就像是在这条道路上奔跑的车子,职业化便是方向盘,如果缺少了方向盘,车子有可能误入歧途,陷入困惑、迷惘的泥沼。因此,职业化就是在上路前明确最终方向并找到适合的途径,上路后不断根据环境完善自己,使自己能在选择的道路上发挥最佳状态,而最终目标是使我们在职业道路上,在各种苦与乐中收获人生成长的喜悦,并带着这份满足感更好地生活。

第三至第八章以职业性格、职业兴趣、职业动机、职业态度、职业能力、职业道德为主要内容阐述了其内涵、相关理论基础以及影响因素和培养途径。职业人格的形成必然经历由感性认识到理性认识、由抽象到具体、由不稳定到稳定的发展过程。良好的职业人格一经形成,往往能使自己正确的职业观成为一种自觉的行为表现。反映在行动上表现出有自制力、创造力、坚定、果断、自信、守纪律等优良意志品质。

职业人格并不全是先天决定的,一个人具有什么样的职业人格,是由后天所处的环境、所受的教育以及所从事的实践活动的性质决定的。由于人们在社会生活中从事的职业不同,形成了每个人不同的职业人格。培养学生具有健全的职业人格,还应该致力于良好的职业性格的塑造和养成。职业人格是一定的职业对从业者在人格上的要求,有的放矢地选择适合自己人格倾向的职业,随时随地根据社会的需要和职业的特点,扬长避短,取长补短,使良好的人格特征得以保持和发扬,不适应的人格特征得以纠正和重塑。

职业人格教育的最终目的,在于引导学生正确地认识社会和自我,正确地认识到在社会职业生活中,什么是高尚和卑下;什么是真善美和假丑恶;什么是社会正义和社会职责,从而激发起强烈的人格向往,把社会需要和个人理想有机结合起来,并以此为出发点和依据,合理地设计自己未来的职业生活,塑造健康、理想的职业人格。

健全的职业人格的培养是一个人综合素质和外界社会环境对人们职业规范要求的有机结合过程,是一个复杂的系统工作,需要全社会的共同努力。其中,作为直接面向社会,培养高素质、应用型人才的各类职业学校的教育,是一支主导力量,承担着培养职业人格的重任。现代职业教育教学目标的定位如何,直接关系到职业学校培养的人才能否适应社会经济发展的需要。笔者认为现代职业教育在培养学生的文化素质、专业技能和技巧的同时，更应着眼于培养学生具备相应的职业人格，使受教育者成为社会职业所需的具有健全职业人格的应用型人才。不论面对如何复杂的社会环境和就业困难，都能表现出较强的心理承受能力，积极稳健的处世态度，良好的职业道德水平，强烈的职业竞争和创新意识。职业人格教育是一个健康的职业心理教育、坚定的职业意识教育和良好的职业道德教育的有机结合过程。

很多时候，失败并不是意味着永远的失败，失败只是成功的一个过程，它是每个成功人士必经的阶段，所以，千万不要被一时的失败永远地打倒。只要你有勇气从失败中站起来，只要你有决心去争取成功，那么命运还是掌握在你自己的手中，成功还是在你眼前。每个人都希望自己的人生是轰轰烈烈、风风光光的，是成功的一生。成功还是要靠自己，靠自己的意志，靠自己的努力，靠自己的态度，靠自己的习惯，特别是靠自己的职业人格的培养和调整。

相信人格的力量；

相信职业人格是可以改变生活和命运的力量；

相信你的职业人格决定着你的事业前程与生活质量；

相信培养一个良好的职业人格将使你终生受益。

作　者

2012 年 5 月

目　录
CONTENTS

第一章　职业与职业化

　　选择一种职业就是选择一种生活,选择一个行业就是选择一种未来。每个人都渴望获得别人由衷地赞美! 而一个职场中人,受到最高的赞美就是:你这个人很"职业"! 职业不但是每个人的谋生之道,也是每个人享受人生的一个重要方面。说一个人很"职业",其实就是说这个人"职业化程度高","职业化素质高"!

第一节　职业的内涵

一、职业的概念

　　从词义上看,"职业"一词是由"职"和"业"两个字构成。所谓"职",包含着社会职责、责任、权利与义务的意思;所谓"业",包含着从事业务、事业、独特性工作的意思。"职业"与"就业"这两个词,含义上比较接近。两者的不同之处在于,职业一词更偏重于社会意义,偏重于个人和人生;就业一词则更偏重于经济意义,偏重于体制和制度。可以说,社会学、管理学主要关注职业;经济学、政治学主要关注就业。

　　所谓职业,从含义上看,是指人们在社会生活中所从事的以获得物质报酬作为自己主要生活来源并能满足自己精神需求的,在社会分工中具有专门技能的工作。职业是人们从事的相对稳定的、有收入的、专门类别的社会劳动,是对人们的生活方式、经济状况、文化水平、行为模式、思想情操的综合反映。不同的职业,通常意味着不同的发展机会与空间,也决定了不同的生活方式。职业通常意味着特定的生活方式,因为生活方式是由工作性质决定的,选择了职业,也就选择了相应的生活方式。

　　不仅如此,职业还往往成为一个人最基本的符号、最主要的特征。人们说,某某人是个"什么"人,最重要的特征之一就是职业。因为,职业能反映一个人的社会身份、社会地位与自身的文化、能力、素质水平等。当你确定了你的职业以后，尽管你的工作可能还会发生变化，但是职业的道路却相对稳定了许多。有时候，由于工作的要求，不得不偏离了职业发展的主线，你会慢慢进行调整，直到找机会回到原来的发展方向上去。即使有较长时间偏离了职业主线，你也可以因此学到更多技能。在今后的某个时间里，这将会对你产生意想不到的帮助。

二、职业的特点

职业是人生成败的关键因素，这个因素是个人可以选择的，尽管受到很多因素的制约，但多数情况下还可以按照自己的价值取向进行选择。不同职业对一个人有着深刻的终生的影响。职业具有以下特点：

（一）目的性

职业一方面以获得现金或实物报酬为物质目的；另一方面，通过职业可以获得精神层面的满足，这往往是人们在一生当中都去选择职业的一个基本出发点。

（二）社会性

任何一个行业的从业人员都在特定的社会环境中与其他行业人员进行一定的交往，并经常性地保持关联并相互服务。职业的这种社会性体现在职业发展中的合作与团队精神方面。

（三）稳定性

职业在一定的历史时期内形成，并且具有较长的生命周期。但是随着社会的发展与职业的分化，特别是在风云变幻的市场中，劳动者的配置如流动的活水，在自我追求和客观需求的情形下，职业的稳定也呈现出相对性。面对体制带给我们的契机，大学生也就不必再担心，被困在某一角落而终生不得迁徙，劳动力的所有权属于自身，个人可以选择最佳的方式出售。但有一点可以肯定的是，还是要在相对稳定的基础上寻求发展。

（四）规范性

职业必须符合国家法律与社会道德规范。随着社会分工越来越细化，职业的种类也会越来越多，由许多大类中派生出来的细类职业也随之出现。虽然有些职业还没有明确的法律道德予以规范，但是无论从业者选择哪个行业，都应该在法律道德允许的范围内从业，这是一个基本的前提。

（五）群体性

职业必须具有一定的从业人数。选择职业就是为了选择经济效益与社会效益的双丰收。这就要求有一定的规模、有一定数量的从业人员,在条件具备时还可形成一定的职业群。

三、职业的功能

(一)职业的个人功能

职业是人的一种社会活动和生活方式,又是人的一种经济行为,是人们从社会中牟取各种利益的资源,它对于每一个人都极为重要。具体来说,职业对于个人有以下作用:

职业是人生主要的社会活动。职业作为人们参与社会活动、从事社会活动、进行人生实践的最主要场所,从多方面决定了个人的特征和境遇。无职业者则不同。职业使从业者进入一种社会情境,这种社会情境因职业的不同而不同,因此,职业就成为一种特定的社会角色和形成一定行为模式的条件。

职业是人们获利的基本手段。职业是人的主要经济来源。职业作为个人获得经济收入的主要手段,成为个人生存和维持家庭的物质基础。“趋利”与“避害”一样,都是生物对外部环境的必然选择,人的“趋利”更多地体现在追求高收入的职业上,这也就成为人们选择职业的主要目标。职业活动还可以使个人获得多种非经济利益。这种非经济利益包括:名誉、地位、权利、各种便利等,从而使个人在从事职业过程中,获得心理满足,达到“乐业”的境地,也可以转化为金钱或者其他形式的经济利益。

职业是个人发挥才能的手段。人们从事的某种特定职业类别的工作,不仅要求人要有一定的素质,还要使人的才能发挥,并成为促进人的才能和个性发展的手段。

职业是个人为社会贡献的途径。一个人从事某种职业,就是进入一个社会劳动分工体系之中参与其活动。个人在这个体系中的活动结果,就是为社会做出的贡献。

(二)职业的社会功能

职业是社会存在的内容。职业作为一种社会存在,不仅是人的社会身份、等级的体现,其本身也构成了人类社会存在的一个内容。职业分工及其结构,是社会经济制度与社会经济结构的重要组成部分,是社会经济发展水平的反映。通过人的职业劳动,生产出社会财富,这也为社会存在和社会发展提供了物质基础。

职业是社会发展的动力。职业的社会变动,包括个人改善职业的流动,与社会经济结构相联系的职业结构变动,不同职业阶层间的矛盾冲突及解决等等,构成了社会发展与社会进步的动力。此外,人们为了追求未来的"好职业"而进行人力投资,从事学习,更成为推动社会发展的巨大动力。

职业是社会控制的手段。职业是人的重要生活方式,"安居乐业"是人们的共同愿望,衣食足而知荣辱,饥寒则起盗心。政府为公众创造职业岗位、执行促进"充分就业"的政策,从其功能的角度看,就是为了减少社会问题、达到社会控制的目的。

(三)职业是重要的社会现象

职业是一种重要的社会现象,在人类社会的各个层面中都有其重要性。在人类社会产生以后,有了劳动的分工,也就产生了各种职业。社会越发展,职业种类也就越多。可以说,职业是一个有着广泛内容的博大精深的领域,每个人一般都是在某种职业岗位上工作,这就使每个人都成了"职业"这个社会劳动大机器中的一个部件,受到社会方方面面的影响,又在社会的运转中扮演一个特定的职业角色。

1.从个人的角度看

职业是一个人的生存方式,是个人生活的物质基础,同时也是个人从事社会活动的主要领域。职业还是人的一种重要的生活方式,不论男女,不论年长或年少,不论家庭背景如何,不论受教育程度如何,不论个人志向如何,都会遇到职业问题。职业更是关系个人前途的大事,职业及其活动内容可能成为个人的奋斗目标和为之奉献一生的事业。

2.从家庭的角度看

职业是需要做出重大选择的事情,甚至是家庭得以建立和维系的重要因素。人们说:"男怕入错行,女怕嫁错郎",前者即是职业问题;后者所嫁"错"的"郎",除了人品、个性等因素外,无疑也有丈夫的职业好坏问题。因为"郎"的不同职业,可以带来丈夫和妻子自身的即整个家庭的不同收入、不同名誉地位、不同社会关系、不同的资源,从而影响家庭的组合模式和总体利益。也带来夫妻关系的不同,现代社会,妇女已从"锅台"走向社会,同样有着择业问题。因此,"女"也有怕入错"行"的问题。另外,父母都希望子女有前途、有成就,所谓前途和成就,主要是后代在职业方面的成功。

3.从单位的角度看

职业是各单位吸收社会人力资源的具体岗位,也是用人单位使用人力资源的具体方式。合理解决好组织成员的个人职业发展问题,是各单位的重要工作内容。对于一个单位来说,选择配置合格的员工,是完成经营目标的重要保障;选择出色的技术人才、管理人才,是在竞争中制胜的诀窍;用好人才,培养好人才,关心员工的个人发展,塑造员工的职业生涯,是增加凝聚力、提高经济效益的重要手段。这些都涉及了人的职业问题。

4. 从社会的角度看

职业是构成社会存在的一项基础,构成社会运行的一种具体方式,也构成了社会成员的阶层划分与社会地位归属。职业涉及人们从事社会生活的动力;涉及人的社会关系;涉及社会矛盾和冲突;涉及社会财富和利益的分配;涉及人的价值观与社会风气;涉及一个社会的平等与效率的选择。

职业问题是个人、家庭、单位、政府共同关心的大事,解决好广大社会成员的就业出路和职业生涯发展问题,使"无业者有业,有业者乐业",使人们在从事劳动和职业工作岗位方面各得其所,是个人、家庭、单位、政府共同的责任。

(四)职业可以造就人的命运

人的命运是前世注定,还是今世奋争?是他人、神灵、上天决定,还是靠自己的努力来开拓、争取?人的际遇与命运是不是真的不可把握?这的确是摆在每一个从业者面前的重要问题。

人们都有着对好机遇和好命运的渴望,即使人们为自身的前途已经做出了努力,但外部因素却不是自己能够改变的,在遇到种种不顺心的事情时,许多人就强调自己的"命运"是不可把握。事实上,命运问题是一个实实在在的,如何看待人的社会存在,特别是如何看待自己的社会存在和相应的社会生活态度问题。

命运实际上是人们自身条件、自我活动和努力与所处外部环境互动的产物。一个人为了自己生活得美好,进行方方面面的努力、对策和应变措施,于是才有了种种结果;而种种机遇、种种结果的累积,才形成一个人的命运。一个人长大成人后,需要解决两项重要问题,即:"家庭"和"工作"。组建家庭,是婚姻社会化,工作岗位是职业社会化。所谓职业社会化,就是一个人走上社会,寻找到一定的职业岗位并在这个岗位上工作。适应职业、适应工作环境,在社会就找到了合适的位置,并得到了归宿感。从这个意义上说,职业生涯造就了人的命运。

四、职业的分类

职业分类,是以工作性质的同一性为基本原则,对社会职业进行的系统划分与归类。其中的工作性质,是指一种职业区别于另一种职业的根本属性,一般通过职业活动的对象、从业方式等方面的不同体现。对工作性质的同一性所作的技术性解释,要视具体的职业类别而定。

(一)职业分类的目的

职业是随着人类社会进步和劳动分工而产生和发展起来的,是社会生产力发展和科技进步的结果。一个国家的经济体制、产业结构和科技水平决定着社会的职业构成。而社会职业的发展变化,又客观地反映着经济、社会和科技等领域的发展和结构变化。

《劳动法》规定:"国家确定职业分类,对规定的职业制订职业技能标准,实行职业资格证书制度。"根据法律规定,结合我国社会经济发展的需要,对各种职业进行科学分类,并编制国家"职业分类大典"。这不仅可以作为劳动力管理科学化、规范化和现代化的重要基础,而且对职业教育、职业培训、职业指导和职业介绍的开展与相互衔接,都具有积极的促进作用。

(二)职业分类的原则

1.科学性

职业分类要做到客观性,这是最基本的原则。职业分类要遵循职业活动的内在规律,客观反映社会劳动分工的实际状况。从宏观层次上看,职业分类中的大类基本上反映了产业层次的特征,中类和小类反映了行业层次的特征,而细类则反映了职业层次的特征。

2.适用性

国家职业分类的确定要从实际情况出发,同时不能割断历史;要充分考虑各个产业、行业、部门的工作性质、技术特点、劳动组织和工作条件的状况;要适应我国现行的国民经济管理、职业教育和职业培训、职业技术鉴定考核以及职业指导和就业服务等工作的实际需要。

3.先进性

国家职业分类要跟踪和体现社会经济发展、科技进步和产业结构的变化。在人类社会从工业经济时代向知识经济时代过渡、生产力急剧变化发展的大背景下,许多代表工业经济时代的传统职业日趋衰亡,而代表知识经济时代的新兴职业不断涌现。职业分类要及时反映出这一大趋势,体现时代感和前瞻性。

4.开放性

国家职业分类是一项动态性很强的工作。从横向看,每年、每月都会有一些旧的职业、工种和工作在消失,同时,又会有一些新的职业、工种和工作在产生。从纵向看,一些在过去一般或者通用的技能,可能随时根据国家经济结构、产业结构以及企业生产经营活动的变动,及时增补新兴的、正在发展着的职业,删减或者调整旧的、已经过时的职业。

5.国际性

研究和借鉴国际职业分类的通行做法,并在总体结构框架方面和国际接轨,是我国确定国家职业分类体系的一个指导原则。尽管世界上已经有 140 个国家制订职业分类,但大都比较粗糙,往往只有名称和编码,没有明确的范围和定义,相互很难比较。联合国国际劳工组织一直致力于帮助世界各国完善自己的职业分类,并力图通过提供一个国际范本促进世界各国分类的相互接近,提高可比较性。国际劳工组织提供的这个范本就是《国际标准职业分类》,简称 ISCO。我国国家职业分类在整体结构和分类方法的确定上非常接近 ISCO 提出的要求,这使我国职业分类具备与国际接轨的特征。

(三)职业分类的方法

1.国际标准分类法

从世界的角度看,联合国劳动领域的专业性组织——国际劳工组织(LTO)在 20 世纪 40 年代末开始组织许多国家的有关专家和国际组织,共同编制职业分类的工具书。1985 年国际劳工组织的工作机构——国际劳工局颁布了第一部《国际标准职业分类》,它成为各国编制分类的依据和各国间交流的标准。

国际标准职业分类体系,是一个"提供了包括全部文职工作人员所从事的职业在内的系统化的分类结构"。在这个体系里,包括 8 大类、83 个小类、284 个细类、1506 个职业项目。在这一分类体系里,每一个职业都有一个五位的编码、一个名称、一个定义,职业定义说明该职业工作者的一般职权、主要职责和任务。

许多国家的政府,都组织本国的有关部门和专家学者编制职业分类的本国标准。各个国家的经济社会条件不同,又有不同的管理需要,因此其国家职业分标准也就有所不同。

2.我国标准分类法

我国第三次、第四次、第五次全国人口普查中的职业,采用大类、中类、小类三个层次的体系。与此相关,我国国家统计局和国家标准在 1986 年发布了《中华人民共和国标准职业分类和代码》。1995 年,我国开始编制详细的职业分类大典。我国职业分类大典的编制工作,由原国家劳动部主持,共组织了 50 多外部委、机关从事涉及职业分类的劳动人事干部和有关研究机构、大学的专家学者近千人参加。该大典的体系与国际标准基本对应,于 2000 年颁布。

我国颁布的《中华人民共和国职业分类大典》,比照国际标准,把职业分为四个层次,包括 8 个大类,66 个中类,413 个小类,1838 个细类。职业分类大典的"细类",是我国分类体系中最基本的类别,即我们所关心的"职业"。内容包括职业编码、职业名称、职业概述、职业定义、职业内容描述,以及归属于本职业的工种名称和编码。

3.部门标准分类法

对于政府不同部门来说,由于所进行职业方面的管理内容不同、角度不同,因而也有着特定的职业分类。政府劳动部门从就业、劳动管理、职业技能的角度进行分类;政府教育部门从学校专业设置和学生职业选择的角度进行分类。例如,我国政府劳动部门制定了工人类别的"工种目录";政府教育部门所搞的学科分类、专业设置,与职业分类也有着相当紧密的关系,如:税务专业、文秘专业、烹调专业、计算机专业。

4.职业指导分类法

职业指导是一个涉及面广、意义重大的领域,从对人进行职业指导工作的角度看,也有着若干种职业分类方法,而且这些分类方法与心理学对"人"的划分紧密联系。职业指导领域的职业分类方法主要有:

(1)霍兰德分类法。这一方法把职业分为现实型(即技能型)、调研型、艺术型、社会型、企业型(即指导型)、传统型(即常见型)6种。这是一种非常重要又应用普遍的分类法。鉴于其重要性,该内容将在第十章专门进行阐述。

(2)兴趣分类法。这一方法与人的活动兴趣相联系,把职业划分为户外型、机械型、计算型、科研型、说服型、艺术型、文学型、音乐型、服务型、文秘型10种。

(3)教育科学分类法。这一方法把专业大类分为人文科学、社会科学、理科、工科、农学、医科、家政、教育、艺术、体育10种,职业则与之近似和相关。

(4)DPT分类法。这一方法把职业分为与资料打交道为主的工作(D)、与人打交道为主的工作(P)和与事物打交道为主的工作(T)3种。有的学者还增加了"思维性工作"(I)的内容,使这一方法成为DPTI分类法。

5.人力资源管理实用分类法

从现实人力资源管理的角度看,职业或者工作、岗位,首先是体力、脑力两个最大的类别(对应于我们常说的"工人"、"干部")。

进一步来说,能够为用人单位掌握、用于招聘选拔人员和进行岗位管理的职业,可以划分为科学研究、工程技术、经济工作、文化教育、文艺体育、医疗卫生、行政事务、法律公安、生产工人、商业工作、服务工作和农林牧渔12个类别。在人力资源管理具体工作中,也使用上述霍兰德分类法、DPT分类法等。

6.社会地位分类法

在社会科学研究和统计工作中,还把职业社会地位或者社会阶层进行划分。主要划分方法是爱德华兹（A. Edwards）的职业地位划分法。该方法把职业分为：专业人员（或专门性人员）、业主经理和官员、职员与类似职业、熟练工人与工长、半熟工人、非熟练工人6类。

第二节　职业化的内涵

职业化是国际化的职场准则，是职业人必须遵循的第一游戏规则；职业化是一种潜在的文化氛围，是职场人士基本素质的体现，是国家与国家之间、企业与企业之间、企业与员工之间、员工与员工之间必须遵守的道德与行为准则。

一、职业化的概念

职业化是在合适的场合下表现出合适的行为，是职业人在职场中的语言、行为及操守规范，即一个人在职场中的态度、道德、礼仪、处世方式、技能等各个方面的综合体现。简单地说，就是对职业的价值观、态度和行为规范的总和。

职业化是一种工作状态的标准化、规范化和制度化，即在合适的时间、地点，用合适的方式说合适的话，做合适的事。使员工在知识、技能、观念、思维、态度、心理上符合职业规范和标准。

职业化就是拥有规范的职业行为、良好的职业道德、良好的职业心态、良好的职业资源、良好的职业意识、良好的职业形象、良好的职业素质。职业化有很多外在的素质表现，比如着装、形象、礼仪、礼节等；也有很多内在的意识要求，如思考问题的模式、心智模式、内在的道德标准等。

二、职业化的作用

职业化是对于社会职业分工分化出来的、群体的、约定俗成的职业规范或水准。它构建职业信息平台，总结实践的职业技术技能和科学技术标准，演化为教育和培训讲义以及教材，以促进职业教育和专业教育培训，形成职业群体逐步扩大，促进工业职业分工更科学，促进职业分工发展。

（一）职业化是实现职业目标的前提

一个人职业生涯发展中，选择到达的目的地无论是繁华都市还是乡村田园，都自有其原因，而企业或行业就像是一条道路，不论平坦或崎岖都有风景。员工个人就像在这条道路上奔跑的车子，职业化便是方向盘，如果缺少了方向盘，车子有可能误入歧途，陷入困惑、迷惘的泥沼。因此，职业化就是在上路前

11

明确最终方向并找到适合的途径；上路后不断根据环境完善自己，使自己能在选择的道路上发挥最佳状态；而最终目标是使我们在职业道路上，在各种苦与乐中收获人生成长的喜悦，并带着这份满足感更好的生活。

（二）职业化是实现事业成功的规则

它体现了我们对个人职业的价值观、态度和行为规范。具有职业精神的员工，能够从实现职业化素质的过程中，获得追求成功和执著于事业的无限动力。有位人力资源总监这样感慨地说，他做人力资源总监多年，见过许多没有受过职业化熏陶的人，给他的感觉就像是没有成熟的杏子，看上去很青涩。在他看来，这与崇尚成熟与理性的职场显得有些格格不入。而那些经过系统训练的职业人，因为拥有良好的职业道德、职业技能和职业意识，无论走到哪里，都非常受欢迎。每一个企业都希望能够找到具有职业化素质和职业精神的人才。今天你不重视职业化素质和职业竞争力的提升，明天你就会失去自己的工作。职业化就是以此为生并精于此道，就是于细微处做得专业，就是用理性的态度对待客户、企业、同事、老板和自身，就是专业和优秀，别人不能够轻易替代。

（三）职业化是实现最大效益的途径

职业化的作用体现在，工作价值等于个人能力和职业化程度的乘积，职业化程度与工作价值成正比，即：工作价值＝个人能力×职业化的程度。如果一个人有100分的能力，而职业化的程度只有50％，那么其工作价值显然只发挥了一半。如果一个人的职业化程度很高，那么能力、价值就能够得到充分、稳定的发挥，而且是逐步上升的。如果一个人的能力比较强，却自觉发挥得很不理想，总有"怀才不遇"的感慨，那就很可能是自身的职业化程度不够高造成的。这样就使得个人的工作价值大为降低。

职业化是成就人生事业的金钥匙。经常参加一些职业化训练能够提高你的职业化素质，使你在职场上得心应手，也可以帮助你在工作和生活中调整好心态，促使你成就事业。

第三节　职业化素质的内涵

职业化素质主要包括：职业化精神、职业化心态、职业化习惯、职业化形象。

一、职业化精神

所谓职业化精神，就是与人们的职业活动紧密联系，在从事的职业活动中，所表现出来的价值观与态度,具有自身职业特征的精神,反映出一个人的职业素质。当前的社会和企业迫切需要的职业精神是:敬业精神、诚信精神、团队精神。

职业化精神不是一般地反映社会精神的要求,而是着重反映一定职业的特殊利益和要求;不是在普遍的社会实践中产生的,而是在特定的职业实践基础上形成的。它鲜明地表现为某一职业特有的精神传统和从业者特定的心理和素质。

社会主义职业化精神不同于其他社会制度下的职业化精神,社会主义职业化精神是由多种要素构成的。这些要素分别从特定方面反映着社会主义职业化精神的特定本质和基础,同时又相互配合,形成严谨的职业化精神模式。它包括:职业理想、职业态度、职业责任、职业技能、职业纪律、职业良心、职业信誉、职业作风。

(一)职业理想

职业理想是个人对未来职业的向往和追求。既包括对将来所从事的职业种类和职业方向的追求,也包括事业成就的追求。青年时期是学生的人生观、世界观形成的时期,也是我们的职业理想孕育的关键时期。作为理想的重要组成部分的职业理想,它体现了人们的职业价值观,直接指导着人们的择业行为。

社会主义职业化精神所提倡的职业理想,主张各行各业的从业者,放眼社会利益,努力做好本职工作,全心全意为人民服务、为社会主义服务。这种职业理想,是社会主义职业精神的灵魂。

(二)职业态度

树立正确的职业态度是从业者做好本职工作的前提。职业态度具有经济学和伦理学的双重意义,它不仅揭示从业者在职业生活中的客观状况,参与社会生产的方式,同时也揭示他们的主观态度。其中,与职业有关的价值观念对职业态度有着特殊的影响。一个从业者积极性的高低和完成职业的好坏,在很大程度上取决于他的职业价值观念。职业伦理学研究表明,先进生产者的职业态度指标最高。因此,改善职业态度对于培育社会主义职业精神有着十分重要的意义。

(三)职业责任

这包括职业团体责任和从业者个体责任两个方面。例如,企业是拥有生产经营所必需的责、权、利的经济实体。在国家与企业的责、权、利关系中,责是主导方面。现代企业制度不仅正确划分了国家与企业的责、权、利,将三者有机地结合起来,而且也规定了企业与从业者的责、权、利,并使三者有机结合。这里

13

的关键在于,要促进从业者把客观的职业责任变成自觉履行的道德义务,这是社会主义职业精神的一个重要内容。

(四)职业技能

在社会主义现代化建设中,职业对职业技能的要求越来越高。不但需要科学技术专家,而且迫切需要千百万受过良好职业技术教育的初、中级技术人员、管理人员、技工和其他具有一定科学文化知识和技能的熟练从业者。没有这样一支劳动者大军,先进的科学技术和先进的设备就不能成为现实的社会生产力。我国经济建设的实践证明,各级科技人员之间以及科技人员和工人之间都应有恰当的比例,生产建设才能顺利进行。良好的职业技能具有深刻的职业精神价值。

(五)职业纪律

社会主义职业纪律是从业者在利益、信念、目标基本一致的基础上所形成的高度自觉的新型纪律。从业者理解了这个道理,就能够把职业纪律由外在的强制力转化为内在的约束力。从根本上说,社会主义职业纪律可以保障从业者的自由和人权,保障从业者发挥主动性和创造性。因此,职业纪律虽然有强制性的一面,但更有为从业者的内心信念所支持、自觉遵守的一面,而且是主要的一面,从而具有丰富的精神内涵。自觉的意志表示和服从职业的要求,这两种因素的统一构成了社会主义职业纪律的基础。这种职业纪律是社会主义法规性和道德性的统一。

(六)职业良心

这是从业者对职业责任的自觉意识,在人们的职业生活中有着巨大的作用,贯穿于职业行为过程的各个阶段,成为从业者重要的精神支柱。职业良心能依据履行责任的要求,对行为的动机进行自我检查,对行为活动进行自我监督。在职业行为之后,能够对行为的结果和影响作出评价。对于履行了职业责任的良好后果和影响,会得到内心的满足和欣慰;反之,则进行内心的谴责,表现出内疚和悔恨。

(七)职业信誉

它是职业责任和职业良心的价值尺度,包括对职业行为的社会价值所做出的客观评价和正确的认识。从主观方面看,职业信誉是职业良心中知耻心、自尊心、自爱心的表现。职业良心中的这些方面,能使一个人自觉地按照客观要求的尺度去履行义务,宁愿做出自我牺牲也不愿违背职业良心,做出可耻、毁誉和损害职业精神的事情。在这个意义上,职业信誉鲜明地体现着"全心全意为人民服务"的职业理想和主人翁的职业态度。从客观方面说,职业信誉是社会对职业集团和从业者的肯定性评价,是职业行为的价值体现或价值尺度。同时,职业信誉又要求从业者提高职业技能,遵守职业纪律。社会主义职业精神强调职业信誉,更重视把社会的客观评价转化为从业者的自我评价,促使从业者自觉发扬社会主义职业精神。

(八)职业作风

它是从业者在其职业实践中所表现的一贯态度。从总体上看,职业作风是职业精神在从业者职业生活中的习惯性表现。社会主义职业作风具有潜移默化的教育作用。它好比一个大熔炉,能把新的成员锻炼成坚强的从业者,使老的成员永远保持优良的职业品质。职业集体有了优良的职业作风,就可以互相教育,互为榜样,形成良好的职业风尚。

二、职业化心态

职业化心态是指在从事职业中,应该根据职业的需求,表露出来的心理感情。即指职业活动的各种对自己职业及其职业能否成功的心理反应。良好的职业化心态是营养品,会滋养我们的人生,积累小自信,成就大雄心,积累小成绩,成就大事业。有相当数量的人,分不清个人心态和职业心态,凭自己的情绪,用自己的个人心态来对待工作。区分个人心态与职业心态,能够更好地胜任自己职场的要求。

日本的管理大师安岗正笃说:"心态变则意识变,意识变则行为变,行为变则性格变,性格变则命运变。"具备积极的职业化心态,将会使你感到生活与工作的快乐。

(一)文化认同是职业人融入企业的前提

有三种员工在企业里被视为不受欢迎的员工:一是不能融入企业文化,不尊重企业规划的员工;二是拿着工资却整天想着跳槽的员工;三是习惯冷眼旁观,没有工作激情的员工。

作为一名职业人,只有在认同企业文化的情况下,才能够在企业中获得成长和发展,你是否对企业文化产生认同,主要体现在三个方面的认同:一是制度认同,二是情感认同,三是价值观认同。只有认同企业价值观念的员工,才是可能被委以重任的员工。

(二)宽容待人是职业人良好风范的体现

不会宽容别人的人是不配受到他人宽容的。在许多时候,求同存异能够帮助你找到与同事更多的相似点,形成和谐的团队。适度妥协如同职场中的润滑剂,它能够使你在竞争日益激烈、节奏越来越快的职场中迅速地做出正确决策,加强与团队的协作。

宽容待人是一种独特的视野,看到的总是鲜花和希望;是一种谦虚的态度,懂得学习和追求;同时,它更是一种人生的标尺,不妄取、不妄予、不妄想和不妄求。宽容待人还需要你做到心胸开阔,拥有一种宽容的胸襟,以大象无形之势接纳形形色色的个性。

(三)克服挫折是职业人工作激情的源泉

一个人要取得大成就,最关键就在于:当不幸降临时,他能够坦然地面对自己的失败。人生分为不同的阶段,不同的阶段有不同的主题、不同的幸福和不同的经历。

不要因为某个阶段没有得到应得的东西,就试图在下一个阶段来弥补。要做目前该做的事情,而不试图弥补前一阶段的缺憾。必须从我做起、从现在做起,自己走向胜利。

(四)老板心态是职业人成就自我的品质

老板心态不是当老板才有的心态,不是老板的专利。所谓老板心态,指的是一种使命感、责任心和事业心,指的是一种从大处着眼、小处着手的工作精神,是对效率、效果、质量、成本和品牌等方面持续的关注与尽心尽力的工作态度。以老板的心态对待工作,就要像老板一样,把公司当成自己的事业。

当你像老板一样思考时,你就真正地掌握了自己的命运,真正地找到了可以为之献身的事业,你就真正地成为自己事业的老板。"要做就要做得更好,否则就不做。"这应该成为每一位职场人士的工作原则和态度。

心态决定成败,成功赢在心态。心态若改变,你的态度就跟着改变;态度改变,你的行为就跟着改变;行为改变,你的习惯就跟着改变;习惯改变,你的命运就跟着改变。让我们一切从心开始。

三、职业化习惯

成功者与失败者之间最大的差别在于,是否具有良好的行为习惯。作为一名刚踏入岗位的职场人士,不仅要尽职尽责地把工作做好,更重要的是培养自己的职业化习惯。

对于员工来说,培养职业习惯是一件需要持之以恒的事情。因为在步入职场前,我们已经或多或少地积累了一些习惯,这样的习惯或许会时刻干扰和左右着我们。但只要矢志不渝地坚持自己的选择,把职业作为一种责任,就可以做一个最好的职业人。

（一）尊重他人

尊重他人就是尊重自己。这一点我们必须在职场中认识到。如果希望别人尊重你，那先要尊重别人。在沟通交流中，切忌伤害对方的自尊；否则，受损失的一定是你自己。只有认同和尊重了他人的利益，才能最好地保障自己的正当利益。

（二）善于沟通

善于沟通是我们高效工作的基础。沟通是你与他人合作的开始，优秀的职员一定是一个有着良好沟通能力的人。没有沟通就没有效率，沟通可以获得信息，但信息不是沟通。沟通只在有接受者时才会发生，一个完美有效的沟通过程必须遵循以下沟通原理：

1. 沟通内容应尽量取得他人的意见；
2. 沟通时应注意内容和语调；
3. 尽可能传达有效的信息；
4. 应有必须的反馈跟踪与催促；
5. 不仅着眼于现在，还应着眼于明天；
6. 应该尽可能地做到言出必行；
7. 应该不遗余力地成为一个"好听众"。

（三）高效工作

提高自己的工作效率是我们在任何时候都必须面对的现实。因此，要管理好自己的时间，最重要的措施就是尽量减少浪费掉的时间。时间往往是被这样浪费的：

1. 工作无计划；
2. 东西摆放没有条理；
3. 做事拖延；
4. 工作中途打断；
5. 工作缺乏重点；
6. 个人独揽；
7. 准备不足；
8. 电话过长。

要想管理好自己的时间，就要遵守以下三项管理时间的基本准则：总体规划原则、事先安排原则、优先处理原则。

在决定任务的重要性之前，你要问自己以下问题：哪些是我必须完成的工作？哪些工作立刻去做的话，效果将会更好？哪些工作可以暂时不做？该任务必须立刻完成吗？如果我现在不做,以后会后悔吗？

"知道"固然重要,最重要、更关键的是"做到"。工作是需要我们想到了就要去做,做了才会有收获。当我们把所知道的各种原则、态度、方法都化为习惯,就不仅是知道,且一定做到了。

四、职业化形象

形象是一个人综合素质的外在表现,也是仪表的重要组成部分和核心。形象真实地体现职业人的个人教养和品位,客观地反映了职业人的精神风貌与生活态度,如实地展现了职业人对交往对象重视的程度,是职业人所在单位整体形象的有机组成部分。所谓职业形象,是指每一个职业工作者在履行职业责任的过程中,在政治思想、道德品质、业务技能、言行作风等方面的整体表现状态。

(一)职业仪表礼仪

仪表是商务活动的重要组成部分。人们在商务活动中渴望传达某种信息,而一个人的仪表则充分表露了个人的思想、情感以及对外界的反应,基本上体现了他的文化教养、社会地位、个人品位和性格特征。具备了良好的职业形象,才能促进你的职业心态良性发展。

1.职业男性仪表礼仪

(1)保持仪容的整洁。男性可以用点清洁类的化妆品,给人干净、阳光的感觉即可。在香水的使用上要格外谨慎,避免使用浓烈或味道怪异的香水。淡淡的清香容易让人产生愉快的感觉。

(2)注意头发修整,不要蓬松散乱。如果稍嫌过长,应该修剪一下。要洗干净头发,避免头屑留在头发或衣服上,最好吹吹风。发型不仅要与脸型配合,还要和年龄、体形、个性、衣着、职业要求相配合,才能体现出整体美感。男性忌颜色夸张的染发、长发和光头。

(3)将胡须剃干净,且在剃须时不要刮伤皮肤。须后水是男性香水适当的替代品;注意指甲修剪整齐。

2.职业女性仪表礼仪

(1)女性可以适当地化点淡妆,更显亮丽。用薄而透明的粉底营造健康的肤色,用浅色口红增加自然美感,用棕色眉笔调整眉形,用睫毛膏让眼睛更加有神。但不能浓妆艳抹,过于妖娆;香气扑鼻,过分夸张,这些不符合职业女性的形象与身份。越淡雅自然、不露痕迹越好,一定不要将清纯美掩盖掉。

(2)不管长发还是短发,一定洗得干净、梳得整齐,增添青春活力。发型可根据衣服正确搭配,要善于利用视觉错觉来改变脸形。如脸形过长的人,可留较长的前刘海，且尽量使两侧的头发蓬松，这样看起来不太明显；脖颈过短的人，则可选择干净利落的短发来拉伸脖子的视觉长度；脸形太圆或太方的人，一般不适合留齐耳的发型，也不适合中分头路，应该适当增加头顶的发量，使额头部分显得饱满，在视觉上减弱下半部分脸形的宽度。根据职业的不同，发型也应有所差异。

（3）得体的穿着打扮能使其为你加分。自己也增加自信，在工作中发挥得更好。要达到这个目的，需要研究着装风格，注意细节修饰。

（二）职业着装礼仪

聪明的职业人永远会为了职业而着装，人与人之间的接触是先给予对方的印象，是外表而不是内心，因此，在职业活动中就应该注重着装。

1. **职业男性的着装**

职业男性的着装须遵守的原则是：正规而庄重，做一个衣冠楚楚的男人。男生最好穿西服，配上硬领衬衫，系上领带，显得潇洒、英俊。要做一个成功的男子汉，应随时装扮自己，时时展现男子汉的气魄和魅力。

（1）挺括的西装：一般更正式的西装是三件套：上衣、西裤和马甲。两件套也可以，但衣裤要成套。颜色应当以主流颜色为主，如深蓝色、咖啡色、黑色、灰色等，不要穿格、条、花的，这样在各种场合都不会显得失态。

初入职场不必穿新装和高档西装，七八成新的服装最为自然妥帖。在价钱、档次上应符合身份，不要盲目攀比，乱花钱买高级名牌的西服。但是，西服一定要挺括，不能皱巴巴的，也不能太过时、老旧。西服袖口的商标一定要剪掉。如果穿的是三颗纽扣的西装，可以只系第一颗或系上面两颗，就是不能单独系最下面一颗，而将上面的扣子敞开；穿双排扣西装时，所有的扣子都要扣上，特别是领口的扣子。长裤熨烫以笔挺为好，长度以直立状态下，裤脚遮盖住鞋跟的 3/4 处为佳。

（2）洁净的衬衫：以白色或浅色为主，经典的白色衬衫永不过时，较好配领带和西裤。深色西装配上白色衬衫，给人以潇洒的风度；而蓝色衬衫是 IT 行业男士的最佳选择，能体现出智慧、沉稳的气质。衬衫领开口、皮带扣和裤子前开口外侧应该在一条线上。衬衫应该是硬领的，领子要干净、挺括，在正式场合不宜穿短袖衬衫和圆领衫。平时也应该注意选购一些较合身的衬衫，应熨平整，不能给人"皱巴巴"的感觉。衣领、袖口都洗毛的旧衬衫或一件还从没有下过水的新衬衫都不合适。前者显得太拮据，后者太露刻意修饰的痕迹。衬衫的下摆要放入裤腰内。内衣、内裤和衬衣等都不能露出。

（3）潇洒的领带：男生宜在衬衣外打领带，这样会风采加倍。领带以真丝的

19

为好,领带必须干净、平整、挺括,上面不能有油和其他痕迹。平时应准备好与西服颜色相称的领带,在配色方面以和谐为美,不要追求标新立异,以免弄巧成拙。一条价格适中、清洁整齐、色彩和谐的领带,远远胜过不合时宜的名牌货。领结要打得坚实、端正,不要松散,或歪拉在一边,领带尖千万不要触到皮带上,尽可能别上领带夹。

(4)配套的鞋袜:皮鞋以黑色为宜,黑色皮鞋好搭配服装。不要以为越贵越好,而要以舒适大方为度。皮鞋要上油、刷亮,擦去灰尘和污痕。穿着时,鞋带要系牢。尽量不要挑选给人攻击性感觉的尖头款式,方头系带的皮鞋是最佳选择。皮带和皮鞋应是同一质地的,如果不是,就要在颜色上找到统一。袜子的颜色也有讲究。穿西服时,不要穿白色袜子;尤其是深色西装,一定要搭配同色系的袜子。如果没有配上,必须是深灰色、蓝色、黑色等深色,最好和鞋的颜色一致,这样在任何场合都不失礼。袜子应保持足够的长度,以袜口抵达小腿为宜。

2. 职业女性的着装

职业女性着装必须遵守的原则是:优雅、大方而不艳丽,成为庄重高雅的职场白领丽人。忌讳过于时髦、过分暴露、过分可爱、过分潇洒。

(1)庄重典雅的服装让女性更有职业气质。相比之下,女生的服装比较灵活,每位女生应准备1~2套较正规的套装。女式套装的花样可谓层出不穷,每个人可根据自己的喜好来选择,随着女性择业的广泛多元化,职业女性的着装也成为一种艺术和学问,简单的职业套装已经不再是单一的选择,从色彩、款式的多元化,细微的服饰搭配,到鞋的选择等方面,让传统生动起来,活泼又不失庄重。职业女性尽可独树一帜,穿出自己的风格,突出个人的气质,强调个人的魅力。

(2)参考法则是,选择适合的套装,必须与准上班族的身份相符,要以内在素质取胜,先从严肃的服装入手。不管什么年龄,裁剪得体的西装套裙,色彩相宜的衬衫和半截裙使人显得稳重、自信、大方、干练,给人"信得过"的印象。裙子的长度应在膝盖左右或以下,太短有失庄重。服装颜色以淡雅或同色系的搭配为宜,穿着应有职业女性的气息。颜色鲜艳的服饰会使人显得活泼、有朝气,但T恤衫、迷你裙、牛仔裤、紧身裤、宽松服、高跟拖鞋等,虽然在街面上铺天盖地,也应列为编外服装,以免给人留下太随便的印象。

(3)中高跟皮鞋使你的步履坚定从容,带给你一分职业女性的气质,很适合穿着。相比之下,穿高跟鞋显得步态不稳,穿平跟鞋显得步态拖拉;如穿中、高统靴子,裙摆下沿应盖住靴口,以保持形体垂直线条的流畅。同样,裙摆应盖过长筒丝袜的袜口;夏日最好不要穿露出脚趾的凉鞋,或光脚穿凉鞋,更不宜将脚趾甲涂抹成红色或其他颜色。穿裙装袜子很重要,丝袜以肉色为雅致。拉得不直或不正的丝袜缝,会给人邋遢的感觉。

(4)画龙点睛的装饰品,当今是一个追求和谐美的时代,适当地搭配一些饰品,无疑会使你的形象锦上添花,但搭配饰品也应讲求少而精。一条丝巾,一枚胸花,一条项链就能恰到好处地体现你的气质和神韵。但是,应避免佩戴过多、过于夸张或有碍工作的饰物,让饰品有画龙点睛之妙。否则,容易给人留下不成熟的印象。皮包大大方方背在肩上,不要过于精美或太珠光宝气,但也不要太破旧,有污垢。

第四节　职业化素质的培养

职业化是一种精神、一种力量、一套规则,是对事业的尊重与执著的热爱,是对事业孜孜不倦追求的精神,是追求价值体现的动力,是实现事业成功的一套规则。一个人职业化素质的程度决定了他在职场中的发展前途,想参与职场竞争,想要成为职场中的成功者,想要取得职业生涯的辉煌,就必须懂得和坚守这些职场规则,培养和不断提升自己的职业化素质。一位职业化素质高的员工,他必将成为一位非常优秀的员工;一个职业化素质高的企业,它必将成为一个社会尊敬的企业。拥有较高职业化素质的你会受广泛欢迎。

一、融入职业

很多人刚刚走上工作岗位时,他们其实不知道怎样做事,不知该从何处下手。除了学习知识,似乎不知道还应该学些什么? 从学生到职员应该如何进行转换。

(一)尊重职业,服从规则

职业化最基本的要求是对职业的充分尊重,尊重自己的职业就是尊重你自己。所有的真爱都基于一份尊重,那么,对职业的尊重也是如此。只有我们真心地尊重了自己的职业,职业才会给予我们真诚的回报。尊重自己的职业就是尊重职业化的一种表现。你若想要从职业的过程中获得快乐、收获金钱、获得荣誉,首先得尊重自己的职业。

(二)尊重对手,驾驭情感

在"职场人生"中,大家需要朋友,也需要对手。是的,朋友可以从感情上带给你最好的鼓励,对手则可以从理智上带给你最深的刺激。若善用对手的刺激,就可以学到最重要的工作方法。我们在情感上需要朋友,在知识上却需要对手。若有幸获得一个相互比较、相互竞争的对手,往往可以带来长久的成长。

二、适应职场

每年都有大量刚毕业的学生涌入"社会的动脉",迈开了自己在职场生涯中的第一步。人在职场,总是从新人开始做起的。在新人期间难免会磕磕碰碰,做错很多事情,再吸取许多教训。就此指出一些注意事项和方法,以使大家少走弯路。

新人都需要度过"适应期"。每个新人从象牙塔到职场,都逃不过一个"适应期"。而新人在初上岗的情况下,最容易出现的状况就是不能适应工作环境,没有能够快速做到角色转换,在很多时候太学生气。

在你踏上工作岗位的那一刻起,已经成为这个社会机器的一颗螺丝钉,就要学会尽快适应这个新身份。什么是适应? 人与环境(自然环境和心理环境)之间,如果能够保持协调、平稳的状态,便可称为"适应",或者为了形成这种良好的状态,人与环境之间相互调整的过程,也可定义为"适应"。适应可分为"外部的适应"和"内部的适应"。前者指人在环境的相处中,其行为符合所处社会的规范,能与他人协调配合;后者指人在与环境的相处中,理想中的自我与现实中的自我相符合。

(一)心理适应——培养工作意识

1.适应环境

缺少基层生活经历的人,最初可能不习惯一些具体的制度和做法。这时,千万不要用你的习惯去改变环境,而是要学会入乡随俗,适应新环境。在这个阶段,要培养出你的整体协作意识、独立工作意识和创造意识。虽然在刚开始的时候,可能你会做错无数事情,但只要能够吸取经验,慢慢地在同事、前辈们的帮助下,你的整体协作意识,独立工作意识就会养成了。

2.主动耐心

一般新人刚跨入职场,总是从基层做起。俗话说,"良好的开端是成功的一半"。做事要有耐心,要充分发挥主观能动性和创造性,凡事要进行具体分析和对待,然后脚踏实地的工作。你会惊喜地发现,你的创造力也很强。在一个行业准备好从底层做起,不断积累经验、提升能力,就能为今后的职场奠定好的基础,形成延续性的职业发展历程。

（二）生理适应——调整生活规律

既然步入了职场，就已经从一个学生转换成为社会人。原来的许多生活习惯就都得该变。也许在学校的时候，喜欢睡懒觉，经常上课迟到。读书期间，这也许不会带来什么严重后果，可是在工作期间，如果你犯些什么懒病、娇病和馋病，每一件都可能给你带来非常严重的后果。所以，请你为了自己的职业前途调整生活规律。当然，调整规律并非要求你成为一个机器人，有些事你可以灵活地决定是否调整。这主要得看你的工作环境与公司文化。

（三）岗位适应——建立职业意识

年轻人容易将事情看得简单而理想化。在跨出学校门之前，都对未来充满憧憬。初出校门的学生不能适应新环境，大多与事先对新岗位估计不足、不切实际有关。当他们按照这个过高的目标接触现实环境时，许多所谓的"现实所迫"让他们在初入职场时就走了弯路，以至于碰了壁还莫名其妙、不知所措。因此，往往会产生一种失落感，感到处处不如意、事事不顺心。

根据职业机构的大量案例分析表明，这类年轻人对自己的职业生涯规划大多呈现两种极端的态度：一种是职业生涯规划目标过于远大；另一种则是完全没有规划。原因在于，他们都没有一个职业角色的意识，并不真正了解自己能做什么，该往哪方面发展，以至于频繁跳槽。因此，毕业生在踏上工作岗位后，要能够根据现实的环境调整自己的期望值和目标，明确自己的职业目标和自己在职场中所扮演的角色，了解该怎样强化职业意识，且在这一行业上钻研下去，就能得到较好的发展。

（四）能力适应——完善职业结构

对刚出道的职场新人来说，可能你的文凭比公司里一些前辈过硬，但是经常会出现这样的情况，面对工作你什么都不会。因为在学校里的时候，我们比较注重的是学习理论知识。然而到了职场上，更注重的是动手能力和累积的经验。因此，职业新人要努力投入到再学习中。

学习不但是一种心态，更应该是我们的一种生活方式。21世纪，实力和能力的打拼将越发激烈。谁不去学习，谁就不能提高，谁就不会去创新，谁就会落后。同事、上级、客户、竞争对手都是老师。谁会学习，谁就会成功，就能使得职业岗位的能力结构更加完善。学习增强了自己的竞争力，也增强了企业的竞争力。

（五）人际适应——建立职业关系

与象牙塔里单纯的人际关系不同，踏入职场，人际关系也相应地复杂起来。刚走上工作岗位的新人，最容易犯的毛病是过于高傲，尤其是"名牌"大学出身

23

的大学生。高学历、名校的背景,有时反而会引人嫉妒。把姿态放低一点,恰当的礼貌往往会赢得好感。无论对领导还是同事,无论是喜欢还是讨厌,都要彬彬有礼。对待年长的同事,如果他没有职务,不妨称呼"×老师"或"×师傅",因为他们有很多工作经验确实值得你学习。

努力工作,适当地表现自己,尽快地得到老板和同事的认可是必需的。在论功行赏时应展现一个新人的宽广胸怀,赢得职场人缘。千万不要居功自傲,任何老板都讨厌自己的下属居功自傲、擅做主张,更没有人能忍受自己的下属对自己指手画脚。

如果真正能够注意并做到这五种适应,虽然你还是新人,但是已经能够胜任你的工作岗位,并且会给你的老板和同事留下很好的印象。

三、把握策略

(一)方向比努力重要,态度比知识重要

选择方向比盲目努力重要,确定方向比出力流汗重要。起跑的时候,要明确自己冲刺的终点在哪里。什么样的心态就有什么样的人生。积极健康的职业态度是获得职业成功最重要的资本,也是最核心的竞争力。

(二)能力比薪水重要,情商比智商重要

在职业生涯的初始阶段,懂得投资自己比得到更有意义。学会做人的智慧,成为一个受同事欢迎、受上司喜欢、受企业重用的人。

(三)团队比个人重要,第一比第二重要

一滴水只有汇入大海才会永不干涸,一个人只有融入团队才会有更大的力量,要成就自我,离不开强大团队的支持。职场竞争很残酷,只承认第一,不记得第二。机会就一次,做到最好,争取第一才是成功。

(四)只有培养意识,才能提升素质

1. 在职业化意识中,最首要的是对企业具备责任意识。有了责任意识才会主动承担更多的工作,在工作中善始善终,在出现问题时先从自身寻找改进的方向而不是互相责怪、互相推诿。有了责任意识才会郑重地兑现承诺,才会坚守职业道德,对企业忠诚。

2. 优秀职业人应具备工作的职业化目标意识。新员工在企业中常犯的错误之一是缺乏主动性,推一推,才动一动。不懂得自己主动设定上级认可的工作目标,并落实到行动。

3. 优秀职业人应具备对客户的服务意识。职场新人往往不在客户服务的一线岗位,就会忽略对客户的服务意识,更有甚者的"自我意识"十分强烈,在工

作中形成本位主义,严重影响企业服务客户的能力。还有许多职场新人没有树立为内部客户服务的观念,对于讲究团队合作的企业形成致命伤。

4.优秀职业人应具备对上级职业化的沟通意识。走出校门不久的新员工往往会沿用在校园中与老师的沟通模式,即到期交作业,老师不问则不会主动汇报作业情况。因此到了企业中也没有向主管主动汇报工作进程的意识,要么上级被迫主动来询问他,要么上司总是不知他在忙什么,造成上下级之间的不默契,影响企业效率和效能。

5.优秀职业人应具备职业化的协作意识。职业人士在遇到冲突时能做到对事不对人,强调事实,而职场新人往往感情用事,忽略事实;职业人士注重引导讨论程序,而不是主导结果,同时尊重少数意见,避免盲点,力求寻找共同解,而不是多数解。

6.优秀职业人士应当具备职业化的礼仪意识。职业化的礼仪是职业化的内在心态、意识和素质的外在体现。职业化的礼仪意识要求职业人要从仪容、表情、举止动作、服饰、谈吐和待人接物六个方面展现职业人的形象,从而进一步体现企业的良好形象。

7.优秀职业人士要具备学习和发展意识。职业人士要不断进行知识和技能的更新,通过阅读、参加培训、工作实践、向先进者学习、辅导他人、自我反省等多层次的学习保持知识结构的与时俱进,保证自己的知识结构能跟得上时代的发展。同时,也应思考自己的职业道路,确立发展的目标和方向,在实践中前进。

【职业自信心测评】

一、量表简介

《自信心量表》由美国心理学家罗森伯格制订,它是世界上最常用的测量个人自信心的量表。它共有10个测题,用以测量个人对自我感觉的好坏程度。该量表具有简单易懂、操作方便、可信度高等特点。

二、《自信心量表》

指示:以下是一组有关自我感觉的句子,请按你的情况作答。
1＝很不同意　2＝不同意　3＝同意　4＝很同意

题目：

1.我认为自己是个有价值的人,至少基本上是与别人相等的。　　1　2　3　4

2.我觉得我有很多优点。　　1　2　3　4

3.总括来说,我觉得我是一个失败者。　　1　2　3　4

4.我做事的能力和大部分人一样好。　　1　2　3　4

5.我觉得自己没有什么值得骄傲。　　1　2　3　4

6.我对于自己是抱着肯定的态度。　　1　2　3　4

7.总括而言,我对自己感到满意。　　1　2　3　4

8.我希望我能够更多的尊重自己。　　1　2　3　4

9.有时候我确实觉得自己很无用。　　1　2　3　4

10.有时候我认为自己是一无是处。　　1　2　3　4

二、计分方法

受测者对测题作答:在10个条目中,第1、2、4、6、7五个条目的算分是正向的,即:1＝1分,2＝2分,3＝3分,4＝4分;第3、5、8、9、10五个条目的算分是反向的,即:1＝4分,2＝3分,3＝2分,4＝1分。因此,其最低得分为10分,最高得分为40分。

三、得分解释

(一)10～15分:自卑者

你对自己缺乏信心,尤其是在陌生人和上级面前,你总是感到自己事事都不如别人,你时常感到自卑。你需要大大提高你的自信心。

(二)16～25分:自我感觉平常者

你对自己感觉既不是太好,也不是太不好。你在某些场合下对自我感到相当自信,但在其他场合却感到相当自卑,你需要稳定你的自信心。

(三)26～35分:自信者

你对自己感觉良好。在大多数场合下,你都对自我充满了信心,你不会因为在陌生人或上级面前感到紧张,也不会因为没有经验就不敢尝试。你需要在不同场合下调试你的自信心。

(四)36～40分:超级自信者

你对自己感觉太好了。在几乎所有场合下,你都对自我充满了信心,你甚至不知道什么叫自卑。你需要学会控制你的自信心,变得自谦一些。

第二章 人格与职业人格

　　一个职业人格健全的人,首先必须是一个人格健全的人。人格是个体在不断受到社会生活的影响,教育的影响,以及自身实践的锻炼下,长期塑造而成的,贯穿在人的全部生活中,并对学习、生活、交往、成长等都有较大的影响。良好的职业人格一经形成,往往能使自己正确的职业观成为一种自觉的行为表现,反映在行动上表现出有自制力、创造力、坚定、果断、自信、守纪律等优良意志品质。

第一节　人格的内涵

一、人格的概念

　　人格一词源于拉丁语 Persona,原指古希腊罗马时代的戏剧演员在舞台上戴的假面具。它代表剧中人物的角色和身份,面具随人物角色的不同而变换,体现了角色的特点和人物性格,犹如我国戏剧中的脸谱。

　　现代心理学一般把人格(个性)定义为一个人的整体心理面貌,即具有一定倾向性的各种心理特征的总和。通俗地说,人格是构成一个人的思想、情感及行为的特有的统合模式,是各种心理特性的总合,也是各种心理特性的一个相对稳定的组织结构,在不同的时间和地点,它都影响着一个人的思想、情感和行为,使一个人具有区别于他人的、独特的、稳定而统一的心理品质。

二、人格的构成

　　人格(个性)的结构十分复杂,是一个多水平、多层次、多侧面的复杂的有机统一体。一般认为,人格结构包括个性(活动)倾向性和个性心理特征两个组成部分。

(一)个性倾向性

个性倾向性是一个人对现实态度和积极性行为的动力系统。它决定着人对现实的态度,决定着人的认识和活动对象的趋向和选择。它是最积极、最活跃的个性因素。就人的整个心理现象而言,个性倾向性是人的一切心理活动和行为的调节系统,也是个性积极性的动力源泉。主要由需要、动机、兴趣、理想、信念和世界观等因素构成。在个性倾向性的各个组成因素中,需要是基础,是个性倾向性乃至整个个性积极性的最初源泉。只有在需要的推动下,个性才能形成和发展。动机、兴趣、信念等都是需要的各种表现形式;世界观居于最高层次,处于主导地位,它制约着一个人的思想倾向和整个心理面貌,是人们言论和行动的总动力和动机系统的最高调节者。

(二)个性心理特征

个性心理特征是个性结构中最稳定的、经常表现出来的特征因素,是具有决定意义的成分,它表明一个人比较典型的心理活动和行为特征。个性心理特征主要包括能力、气质和性格。个性心理特征是个体心理活动的特点以某种机能系统或结构的形式在个体身上巩固下来而形成的,因此带有经常、稳定的性质;但在人与环境相互作用的过程中,个性心理特征又缓慢地发生变化。

个性倾向性与个性心理特征之间不是彼此孤立的,而是错综复杂地交织在一起。它们直接相互渗透、相互影响,一方面,个性心理特征受个性倾向性的调节;另一方面,个性心理特征的变化也会在一定程度上影响个性倾向性的变化和发展。因此说,个性是一个各因素有机联系的统一整体。

三、人格的特征

人格是一个具有丰富内涵的概念,其中反映了人格的多种本质特征,主要包括独特性、稳定性、整体性、自然性和社会性的统一。

(一)独特性

人格是在遗传、成熟、环境和教育等先、后天因素的交互作用下形成的,每一个人都有不同的遗传素质,又在不同的环境条件下发育成长起来,因而每个人都有自己独特的心理特点,没有哪两个人的人格是完全相同的。"人心不同,各如其面",正说明了人格是千差万别、千姿百态的,这就是人格的独特性。心理学家着重于个别差异的研究,但也承认,生活在同一社会群体中的人也有一些相同的人格特征,如中国人含蓄内向,西方人直率外向;德国人保守,法国人浪漫;英国人的绅士风度,美国人的创新精神等等。

（二）稳定性

所谓"江山易改，本性难移"说的就是人格具有稳定性。由于各种心理特征构成的人格结构是比较稳定的，它对人的行为的影响是一贯的，是不受时间和地点限制的，这就是人格的稳定性。那些在行为中偶然表现出来的，属于一时性的心理特性不能称其为人格特征。例如，性格内向的人因为喝了些酒比较兴奋，一时话多了点，并不表明这个人具有活泼好动的性格特点。人格的稳定性并不是说它就不会发生变化，实际上随着社会生活条件和一个人的发育成熟，他的人格特点也会发生或多或少的变化。

（三）整体性

人格是由多种成分构成的一个有机整体，包含在人格中的各种心理特征彼此交织，相互影响，构成了一个有机整体。它虽然不能直接观察得到，但却表现在行为中，让人的各种行为所表现出来的特征是一个整体，体现了他的独特的精神风貌。

（四）功能性

人格对个人的行为具有调节的功能，即人格决定行为乃至命运。"播下一种心态，收获一种思想，收获一种行为；播下一种行为，收获一种习惯，收获一种性格；播下一种性格，收获一种命运。"

（五）自然性和社会性的统一

人格是在一定的社会环境中形成的，因而，一个人的人格必然会反映出他生活在其中的社会文化的特点，它受到教育的影响。这说明人格的社会制约性。但是，人的心理，包括他的人格，又是大脑的机能，人格的形成必然要以神经系统的成熟为基础。所以，人格又是人的自然性和社会性的统一。

第二节　影响人格的因素

影响人格形成和发展的因素，概括起来主要有两个方面：一是遗传，二是环境，包括生物遗传因素、社会文化因素、家庭环境因素、早期童年经验以及个体的社会实践活动和主观能动性等。遗传和环境交互作用，共同影响着人格的形成和发展。遗传主要决定了人格形成和发展的基础，如气质的形成，包括兴奋性强弱、主动或被动、反应速度快慢、活动水平高低、反应强度等。环境因素则决定了人格的后天发展，如自我概念形成、态度和价值观念、道德感、人际关系特征、习惯等。

一、遗传影响人格的形成

心理学实验研究结果(主要指同卵、异卵双生子研究)表明:遗传是人格不可缺少的影响因素,但遗传因素对人格的作用程度因人格特征的不同而不同。通常在智力、气质这些与生物因素相关较大的特征上,遗传因素较为重要;而在价值观、信念、性格等与社会因素关系紧密的特征上,后天环境因素更重要。人格发展过程是遗传与环境交互作用的结果,遗传因素影响人格发展方向及形成的难易。

二、环境影响人格的发展

人既是一个生物个体,更是一个社会个体。人出生后,各种环境因素的影响就开始了,并会作用于人的一生。后天环境的因素是多种多样的,小到家庭因素,大到社会文化因素。环境因素主要涉及成长和生活的环境,如民族、文化、家庭和父母的抚养方式、学校、同伴、社会变迁和生活事件等因素。

(一)社会文化因素

人一出生,便置身于社会文化之中并受社会文化的熏陶与影响,文化对人格的影响伴随着人的终生。社会文化具有塑造人格的功能,这反映在不同文化的民族有其固有的民族性格,不同的地域有着不同的文化传统,不同的文化发展时期有着不同的文化认同。

社会文化对人格的影响力一直被人们所认可,它对人格的形成与发育具有重要的作用,特别是后天形成的一些人格特征,如性格、价值观等。社会文化因素决定了人格的共同性特征,它使同一社会的人在人格上具有一定程度的相似性,如民族性格等。

(二)父母教养方式

对同卵双生子的研究表明,在不同环境中长大的同卵双生子,气质特征非常相似,而性格却明显不同;而且随着他们年龄的增长,分开生活的时间越长,性格的差别也就越大。神经系统的遗传特性可以影响到一个人接受刺激的能力、动作反应的速度和灵活性,但不能决定一个人的性格特征。在一个家庭内,父母与子女之间,兄弟姐妹之间,可能有完全不同的生活道路,出现完全不同的性格,这显然不是由遗传因素决定的。

家庭是社会的基本单位和社会生活中各种道德观念的集合点,也是儿童出生后最先接触并长期生活的场所,因此,家庭被称为"制造人类性格的工厂"。家庭的教育态度和教育方式对儿童性格的形成与发展起着直接的影响作用。

研究证明,父母教育方式不同儿童会形成不同的性格特征(见表2.1)。

表 2.1 父母教育方式与儿童性格的关系

父母的教育方式	儿童性格
支配性型	消极、顺从、依赖、缺乏独立性
溺爱型	任性、骄傲、自私、缺乏独立性、情绪不稳定
过于保护型	缺乏社会性、依赖、被动、胆怯、深思、沉默、亲切的
过于严厉型	顽固、冷酷、残忍、独立;或者怯懦、盲从、不诚实、缺乏自信心和自尊心
忽视型	妒忌、情绪不安、创造性差,甚至有厌世轻生情绪
民主型	独立、直爽、协作、亲切、善社交、机灵、安全、快乐、坚韧、大胆、有毅力和创造精神

家庭生活气氛和父母的性格特征对儿童的性格也有明显的影响,例如:家庭成员互助互爱、民主团结、通情达理、和睦相处,则有助于儿童良好性格特征的形成。反之,家庭生活气氛紧张,家庭成员经常争吵、打斗,则导致儿童不良性格特征的形成。还有,家庭的政治经济地位、父母的文化素养、为人处世方式、儿童出生顺序等因素也潜移默化地影响着儿童性格特征的形成与发展。

(三)其他因素

1. 同伴的影响

随着儿童的成长,他的社会交往日益扩大。除父母和家庭成员之外,与儿童交往最多的可能是同伴,包括幼儿园的朋友、学校的同学、邻居的小孩、团体中的成员等。同伴对儿童人格形成和发展有着多方面的影响。

儿童从同伴那里接受信息感受,别人和社会对他的期望,别人对他的看法,于是进一步认识自己,促进自我意识或自我概念的发展。如感到自信或自卑,儿童也从同伴那里获得同龄人对生活,对社会的看法或态度,或对人对事的态度,有积极的,也有消极的,这些态度和观点将对他的行为产生较大的影响。在与同伴相处的过程中,儿童对父母的依赖逐渐减少,独立性日益增加。他在团体中参与不同的活动,扮演或学习不同角色,主动的与被动的,领导者或被领导者,这些活动也影响着他的人格发展。

同伴关系的影响不仅限于儿童,即使是成人,旁人的影响也是不可忽视的。同事好友对人对事和对人生的看法会影响他的态度,别人的行为和榜样同样可以影响他的行为。例如,同伴对生活的乐观态度,刻苦奋斗精神,会影响他对人生的态度。某人在人生转折关头,与朋友一番交谈,可以使他茅塞顿开,所谓

"听君一席话，胜读十年书"，使他明确了人生的意义，改变了他的生活观念，从而整个人的行为也随之改变。

2.学校经验

学校生活是大多数人发展过程中的一个重要历程。人们不仅从学校获得文化知识，还获得了社会知识，促进了自我发展和社会发展。

学校是一个小环境，有特定的气氛，儿童在学校里学习知识、学习遵守纪律、学习与人相处、学习社会规范、学习所处社会文化传统，逐渐形成基本价值观和人生观，自我概念进一步发展，有自我理想形成。儿童常常在学校期间确立奋斗目标，要做什么样的人，并且根据自己设立的目标要求自己。

老师也许是对儿童发展至关重要的人物，其影响可能对儿童的一生都有重要意义。老师往往是儿童崇敬的对象，学习模仿的榜样，儿童不仅从老师那里学习知识，而且学习怎样为人。他们观察和模仿老师的举止、言行、态度，老师的思想、信念，对事对人的态度潜移默化地影响着儿童的人生观形成。老师对儿童行为的赞赏或批评，塑造着儿童的行为特征。

3.生活事件

生活中的重大变故常常可以改变一个人的生活，甚至其人格的形成。生活中的变故或生活事件的因素包括很多方面，如亲人去世、父母婚变、家庭不和睦、好友关系破裂、学业失败等等。小孩长期缺乏母亲的照顾，可能对他的性格，甚至对他的一生，有深远的不良影响。父母的离异、家庭矛盾等因素也会在儿童心灵上蒙上阴影，造成自卑、内向等性格特征。此外，生理的问题，如重大疾患或某些慢性疾病、生理残疾，同样会影响儿童人格的正常发展。

4.大众媒体

大众传播媒体在现代社会非常普及，电影、电视、广播和书刊到处可以看到和听到，这些媒体传播的内容可以对我们的思想、信念乃至行为产生极大影响。这方面最为典型的研究是关于暴力电影电视内容对人们的影响，研究表明，反映暴力的影视内容确实可以引起人们的暴力行为，增加或对暴力行为的认可。近年来流行起来的激光影碟中的消极内容，也对人们的行为产生消极影响，如追求生活的享受、意志的丧失、道德观念淡薄等。还有年轻一代对明星的崇拜、模仿，也影响他们人格的发展。当然，传播媒介也有其积极的一面，如英雄形象的宣传和对英雄的学习与模仿，便可促使人格向有利社会、有利他人的方向发展。

5.酒精和药物

酒精和药物滥用是近代的一个社会问题，同时也是影响人格发展的一个重要因素。例如,酒精依赖的临床特征是:(1)饮酒至上,置个人健康、家庭、事业、社会规范于不顾;(2)如停止饮酒或血内酒精浓度降低到一定水平以下时便出现戒断症状,表现为四肢及躯干震颤、情绪激动、恶心、呕吐和出汗等,进一步发展可出现错觉、幻觉、癫痫发作、震颤性谵妄。若饮酒,这些症状则可消失。为避免戒断症状,有些酒精依赖者早晨醒来就要喝酒,甚至白天携带酒瓶,随时饮酒;(3)对酒精产生耐受性,酒量越来越大;(4)人格改变,工作不负责任,家庭关系恶化,道德败坏。

第三节　职业人格的内涵

一、职业人格的概念

所谓职业人格,是指个体通过教育和生活经验而形成,以适应一定职业活动要求为特征的一系列个性特征的总和。

职业人格是指人作为职业的权利和义务的主体所具备的基本人品和心理面貌。它是一定社会的政治制度、物质经济关系、道德文化、价值取向、精神修养、理想情操和行为方式的综合体。

职业人格是职业人在其职业劳动过程中形成的优良的情感意志、合理的智能结构、稳定的道德意识和个体内在的行为倾向性。它既是人的基本素质之一,又是人的职业素质的核心部分。

职业人格的基本内涵主要包括:职业性格、职业兴趣、职业动机、职业态度、职业能力、职业道德等,具体将在以后各章分别阐述。

二、职业人格的形成

职业人格并不全是先天决定的,一个人具有什么样的职业人格,是由后天所处的环境,所受的教育以及所从事的实践活动的性质决定的。由于人们在社会生活中从事的职业不同,形成了每个人不同的职业人格。知识的学习、技能的掌握、社会态度的塑造和职业准备的完成,最终都表现为职业人格的形成。

职业人格的形成与发展是个体发展与外部客观环境相互作用的结果,讨论职业人格问题不能超乎个体职业的发展,更不能脱离个体生活的客观环境,也正是由于职业活动才使两者真正有机地结合起来。职业活动是成人,或者说是具有成熟人格的个体的主体活动,也正是由于职业活动才赋予了一个人的主要的和真实的生活意义及职业人格。

三、职业人格的类型

(一)霍兰德职业人格分类

职业心理学家霍兰德认为人的职业人格可以分为六种类型,每种类型有与之相匹配的职业,如果个体选择的职业与人格类型匹配,就会感到能胜任工作而且心情愉快;如果不匹配就会感到不能胜任,自己也很痛苦。

1.现实型(实际型)

他们动手能力较强,喜欢与机器、工具打交道,喜欢实际操作,做事喜欢遵循一定的规则。他们不善与人交际,对新鲜事物不太感兴趣,情感体验也不太丰富。现实型的学生适合填报工程技术、医学专业等理工科专业。

2.探索型(调研型)

他们对自然现象和自然规律很感兴趣,思维逻辑性较强,善于通过分析思考解决面临的难题,喜欢对疑问进行不断地挑战,不愿循规蹈矩,总是渴望创新。他们追求内在自我价值的实现,而非物质生活的质量。探索型的学生适合填报各种理论性专业,将来适合从事研究工作或者做大学教师。

3.进取型(企业型)

他们喜欢竞争和冒险,好支配他人,善辞令,好与人争辩,总试图让别人接受自己的观点。他们不愿从事精细工作,不喜欢需要长期复杂思维的工作。进取型的学生适合填报各种管理类或市场营销类专业。

4.常规型

他们喜欢有秩序、安稳的生活,做事有计划;乐于执行上级派下来的任务;讲求精确,不愿冒险;想象力和创造力较差。他们对花大量体力和脑力的活动不感兴趣。常规型的学生适合填报财务、图书情报、统计等专业。

5.社会型

他们善于与人交往,喜欢周围有别人存在,对别人的事很有兴趣,乐于帮助别人解决难题。他们喜欢与人而不是与事物打交道。社会型的学生适合填报师范、医学、社会服务类专业。

6.艺术型

他们有很强的自我表现欲,喜欢通过新颖的设计引起别人情感上的共鸣。他们的想象力很丰富,感情丰富,创造力很强,精细的操作能力较强。艺术型的学生适合填报语言文学、广播影视、园林建筑、广告等专业。

（二）其他职业人格分类

杜君立先生在《找准你的职场定位》一书中将职业人格分为个体性职业人格与社会型职业人格两大类。前者包括工具型、技术型和专家型，后者包括管理型和权力型。

1.工具型

工具型职业人格的特点：思想单纯，思维简单，情绪反应低，善于从事枯燥重复技术含量低的工作。

工具型职业人格指那些技术要求不高、不需要创造性发挥、循规蹈矩墨守成规的一种职业人格。主要表现是思想单纯，思维简单，情绪反应低，可接受枯燥重复或繁重的工作；这种人普遍缺乏和不需要专门的职业技术。工具型职业人格最为普遍，众多劳动强度大、技术含量低的工作都是由这种人承担。他们是第三产业的主力劳动者，比如杂工、抄表员、投递员、门卫、清洁工、售货员、收银员和搬运工等等。

2.技术型

技术型职业人格的特点：具备相当的思维变通能力和专业性，可以完善地处理专项事物。

技术型职业人格是技术型人才的典型人格，其最擅长的是通过他们的劳动将设计、规划、决策等转化为产品、工程，他们大都处于生产一线或工作现场。技术型职业人格具备相当的思维变通能力，可以完善的创造性地处理专项事物，也就是说具有专门的技术能力；学校教育目前已经构成技术型人格教育的主体，技术型职业人格是中国当下无数大学的奋斗目标，对社会组织来说，完善的技术型人格也是主要的人才需求。比如电工、工程师、设计师、会计师、导演、技术员等等，他们都具备技术型职业人格。

3.专家型

专家型职业人格特点：指在一定领域内达到相当高的专业水准，甚至具备一定的权威性。专家型职业人格拥有最出色的智商，他们具有"研究者"的性格特征。

专家型职业人格一般注意力非常集中，执著专注，持之以恒，因此在一定领域内达到相当高的专业水准，具备一定的权威性。专家型人格是技术型人格的升级版，但更多的技术型人格永远也不可能成为专家型人格。专家型人格需要有相当坚强和执著的毅力，这样才有可能在专业领域达到他人所不及的高度。专家型职业人格是一个人依靠专业能力所能达到的顶点。科学家不用说都是行业的顶尖专家了，即使一般情况下，许多对专业持之以恒不懈钻研和提高的职业人往往也具备一个典型的专家型职业人格,比如高级工程师、高级顾问、学术权威、特级艺术家等等。

4.管理型

管理型职业人格的特点:性格精细,富于耐心,自制力强,善于决策和处理错综复杂繁琐的事物。

管理型职业人格情商最高,一般比较敏感,性格精细,富于耐心,善交际,自制力强,擅长处理错综复杂繁琐的事物;管理型职业人格是经济社会的中坚力量,他们构成庞大的经理人群体,使社会效益实现最大化。管理型职业人格也是社会资源的实际整合者,他们使社会效率大幅度提高,社会资源得到最佳配置,人尽其才,物尽其用。他们是一群真正的实干家和实践者。

5.权力型

权力型职业人格的特点:精于世故,支配欲强,工于心计,擅长权谋,野心勃勃。权力型职业人格属于那种最善于捕捉权力的顶尖高手,他们对权力有着超乎寻常的兴趣和热情。

权力型职业人格一般性格外向、社交技巧强、成功欲高、勇敢果断、特立独行、精于世故、人情练达、工于心计、擅长权谋、意志坚强、野心勃勃。在职业层面上,权力型人格是人类社会的精灵,他们往往构成一个社会的精英阶层,他们不仅是意见领袖,而且扮演着各类型职业人格的最终整合者的重要角色。

这五种职业人格类型并没有孰优孰劣之分,因为人生的终极追求是幸福,而每个人的幸福观是不同的。就职业人格而言,每个人都是复合型人格,即集合了两种甚至两种以上的人格特征。特别是管理型人格和权力型人格在我们每个人身上都有所体现。管理型人格使我们善于管理事物,权力型人格使我们倾向于独立。

一个初出茅庐身无长物的年轻人只能体现出工具型人格的一面,但与社会的交流中他将发现自己的管理型人格和权力型人格,前者可以使其成长为一个管理者,后者可以支持其创业成为老板。如果这两种社会型人格都不显著,那么他可以通过学习积累提高专业技能,从而提升自己的个体型职业人格,发展技术型人格,乃至专家型人格,同样会赢得社会的尊重,这实际也是一种权力型人格。

人是社会性动物,人不可能独立存在。管理型人格和权力型人格都是社会型人格,是人格的社会性体现。只有当一个人极其内向的时候,他才可能出现纯粹的工具型、技术型和专家型。按照人格分类理论,中国人相比西方人要偏于内向。因此相对西方人而言,中国人的管理型人格和权力型人格较弱,这体现在中国人一方面不善于合作,另一方面又有很强的依附心理。人格缺席的中国教育模式使我们大多数人沦为廉价劳动力的工具型人格,再好一好成为技术型人格或者专家型人格。管理型人格和权力型人格的缺乏使我们的人生自主能力大大不足,使中国经济的高端人才严重匮乏。权力型人格是对职业人格的整合者,它的人格独立可以使人的工作潜能得到最大的发挥。

第四节 人格与职业人格的理论基础

一、人格理论

每一个人都有比较系统、完整的关于自己以及对接触的人的行为、品行的看法,不论你是否意识到它的存在,它实际上就是一种潜在的"人格理论",这种理论帮助你随时随地解释和预测他人的行为并控制自己的行为。

(一)经典精神分析人格理论

虽然人类从很早就开始思考人格的本质问题,但是,直到 19 世纪末,才出现了第一个被认可的人格理论家。此时,一位奥地利神经学家提出了惊人的观点:年幼儿童存在性欲;令人费解的生理障碍背后存在无意识的原因;心理疾病的治疗可以通过一种复杂、耗时的程序进行——病人躺在沙发上,医生听他诉说看似无关的话题。这位神经学家就是西格蒙特·弗洛伊德(1856－1939)。他不断开创、发展、维护自己的思想,尽管遭受到尖锐的批评。直到 1939 年去世,弗洛伊德撰写了大量著作。他被认为是一场重大神经运动的领袖。弗洛伊德改变了心理学家、作家、父母及普通百姓多年来的想法。

1. 以无意识为核心的意识层次论

弗洛伊德把意识(这里指人格)分为三个部分,即意识、前意识和无意识。他把这种划分称为脑解剖模型。意识是指人们正意识到的想法。它的特点是具有逻辑性、时空规定性和现实性。前意识位于意识于无意识之间,由那些虽不能即刻回想起来,但经过努力可以进入意识领域的主观经验所组成。在弗洛伊德看来,意识和前意识这两者虽有区别,但没有不可逾越的鸿沟,前意识的东西可以通过回忆进入意识中来,而意识中的东西当没有特别注意时,也可以转如前意识中,因此,弗洛伊德把它们看成同一个系统,与无意识系统相对应。

人格的深层部分是无意识,所谓无意识是指不曾在意识中出现的心理活动和曾是意识的但已受压抑的心理活动。这个部分主要成分是原始的冲动和各种本能。通过种族遗传得到的人类早期经验以及个人遗忘了的童年时期经验和创伤性经验，不合伦理的各种欲望和情感。无意识是人格结构中最大、最有力的部分。虽然，在通常情况下，我们并不意识到它的存在，但是，它对于我们的一切行为都产生影响。它影响我们的思维和行为的方式；影响我们的职业、婚姻对象的选择；影响我们的健康状况，爱好、兴趣和习惯等等。

弗洛伊德非常强调无意识在人格结构中的重要地位，认为无意识的重要性远超过意识和前意识。为了说明无意识的重要地位，他借用了费希纳的冰山类比。弗洛伊德认为人格就像漂浮在海中的冰山分三层，意识是最上层浮在水面上，我们能看见，它只占冰山的很小部分；前意识是紧挨着水面之下的那部分中间层；无意识是冰山的最下层占了大部分，它支持着整个冰山，是我们无法看见的。意识与前意识可以相互转换，同属一个系统。而无意识与前意识属于不同的系统，无意识的东西由于受到检查作用的压抑不能进入意识领域。

2. 以本我为核心的人格结构论

弗洛伊德创造了人格结构模型，将人格划分为本我、自我、超我。在三部人格说中，弗洛伊德保留了无意识的概念，无意识概念仍是弗洛伊德人格结构理论乃至整个精神分析学说的基石。

本我：完全是由先天的本能，原始的欲望所组成的。

弗洛伊德认为，出生时只有一个人格结构，即本我。这是我的自私部分，与满足个人欲望有关。本我采取的行为遵循快乐原则。即本我只与直接满足个体需要的东西有关，不受物理的和社会的约束。当婴儿看到想要的东西，就去够它，无论这东西是否属于他人或者有害，这种反射行为一直保持到成年。弗洛伊德甚至认为本我冲动永远存在，它们必须被健康成人人格的其他部分加以限制。

自我：主要是以现实性的方式满足本我，是人格中立志的、符合现实的部分。

自我的行为遵循现实原则。由于本我冲动倾向于不为社会所接受，自我的工作是将这些冲动控制在无意识中，与本我不同的是，自我可以在意识、前意识和无意识各部分之间自由活动。因此，自我是本我的执行机构。弗洛伊德把本我与自我的关系比喻为马和骑手的关系。马提供能量，而骑手则调节、引导和改变能量的方向，指引马向目的地前进。自我在本我与现实之间。

超我：它是人格中最文明、最有道德的部分。

超我有两方面，一是自我理想，另一个是良心。在儿童早期生活中，父母总是有意无意地依据自己的道德标准和社会规范去评价，奖励和惩罚儿童。父母对儿童的某些行为作出"好"的评价,给儿童的物质和精神奖励,对儿童的另一些行为,父母作出"坏"的评价,并给以惩罚。长此以往,儿童就知道什么行为是好的,什么行为是坏的,父母关于奖惩,儿童行为的标准逐渐内化为儿童自己的行为规范。儿童可以在父母不在场的情况下,自己评价自己,当自己行为符合道德规范时,就感到愉快和满意(内在奖励);当自己行为违反了这些规范,就感到内疚(良心谴责)。到这个时候,父母关于什么行为是"好"的标准就内化为儿童的自我理想,父母关于什么行为是"坏"的惩罚规则就内化为儿童的良心,这样超我就形成了。

本我、自我、超我的区别:本我是我的自私部分,与满足个人欲望有关,采取的行为遵循快乐原则;自我是人格中理智的、现实的部分,自我的行为遵循现实原则;超我是人格中最文明、最为道德的部分,超我的行为遵循道德原则。

本我、自我、超我的联系:本我、自我、超我相互补充,相互对立,好似作用于三个角上的拉力形成的三角形一样。自我在满足本我欲求时,不仅要考虑现实条件的可能性,而且要受到超我的制约;超我按照"道德原则"行事,它总是与享乐主义的本我直接对立和冲突,力图限制本我私欲,使它得不到满足;自我在本我、超我、现实之间周旋、调停,力求使三者的要求都得到满足,以达到相对平衡。可见自我是人格结构中维护统一的关键因素。

(二)人本主义人格理论

20世纪50年代以来,人本主义学派对人格进行了不少研究,其主要特点是关心个体的有意识经验的整合和成长潜能。该理论特别看中自我实现的概念,认为自我实现的愿望是一种基本驱力,是人所具有的多样化力量,而这些力量不断的交互作用就塑造了人。人本主义认为,行为的各种驱动力量来自个人独特的生物和习得倾向,这些倾向促使人向着自我实现的积极目标发展、变化。由此可见,自我实现是一种建设性、指导性的力量,发动人的积极行为去追求完善。

在方法上,人本主义学派还具有一些明显的特点。一是"整体论"观点,主张把人看作一个统一体,从人的整体人格去解释各个行为。二是"倾向论"观点,把自我实现看作是一种先天的倾向,与"人之初,性本善"的观点如出一辙。三是"现象学"观点,主张个体的参照框架,认为应从个体自身的主观现实角度而不是分析者的客观角度去观察。四是"存在主义"观点,注重个人的意识的高度理性过程,以此解释现时经验和生存的各个方面。

1. 个人中心理论

卡尔·罗杰斯是人本主义学派的开创者,也是最重要的人物之一。他的主要贡献是他的"病人中心式治疗"和"个人中心式人格"理论。所谓"个人中心",是指要倾听人的内在心声,个体的内在世界——他的现象学领域正是心理学家们要去探究和理解的。

罗杰斯的理论核心是自我实现的概念。他把这一概念定义为:不断努力实现固有的发展能力和才能,从而最大限度地发挥、表现个人潜能。然而,罗杰斯发现,不幸得很,在现实生活中,人的自我实现的努力常常与寻求赞赏的需要相抵触。在现实中,儿童为了获得奖赏,必须遵从父母、社会规范,否则奖赏、爱就会被取消。罗杰斯把这样的奖赏叫作"有条件的正性奖赏"。罗杰斯指出,这种奖赏促成一种不良的现象:儿童学会以特殊的行为和感受方式以获得别人的赞赏,而不是获得内在的满足。通俗地说就是,人们只是在为别人的评价而活着,而不是为了自己的追求、价值活着。而这也就形成了人们一贯的生活风格。为此,罗杰斯主张,要给予人们无条件的奖赏,鼓励人们为了自己的生存目标去努力,实现自己的潜能。

2. "自我"理论

历史上,有不少学者探讨过自我的概念。威廉·詹姆斯曾认为自我有 3 个成分:"物质的我"指自我的躯体内容;"社会的我"指别人对自己看法的意识;"精神的我"指自我中监视内在思想、情感的部分。

很多年以后,罗杰斯重新唤起了人们对"自我"概念的兴趣。他把自我定义为人格的连续性、稳定性所赖以产生的最小单元。罗杰斯把自我概念划分为两个部分:实际自我,这是人对自我现状的知觉;理想自我,指人对自己将要成为怎样的人的理想。罗杰斯认为,人格一致性并不是指人格各个部分之间、或特质与行为之间、或过去与现实机能之间的一致性,而是指现实的自我与理想的自我之间的一致性。现实的自我总会与理想的自我有距离,这促使人们努力追求理想。而如何追求个人理想就构成了不同人的生活风格。

3. 马斯洛的人格理论

马斯洛是另一本主义心理学的创立者和倡导者,他把这一心理学派称为"第三势力",以取代心理分析学和行为主义心理学,因为心理分析更像是病人的心理学,行为主义更像是动物的心理学,而人本主义才是还人性以其本来应有的地位,是真正的人的心理学。

马斯洛的人格理论的基础,是他的"健康的创造性的人"的概念。他指出,人运用所有的才能、潜力、技能,努力发展潜能至极限;人不是与他人竞争,而是努力成为我所能成为的理想的我。

4.对人本主义理论的评价

人本主义理论给人们描绘了一幅关于人性、关于人的未来的美好画卷。在心理分析曾经喧嚣一时、行为主义统治几十年后,的确给理论界带来焕然一新的面貌。然而,对人本主义理论同样也存在不少批评。一个主要的批评意见是认为,人本主义理论不够科学化,主观性强,概念模糊,没有明确的定义,其理论很多是基于科学上无法证明的推论,而这些推论又是以不准确的方式描述的,如"自我实现"。还有人批评到:人本主义理论难以说明人的特殊品质,它主要的本性和品质都是普遍性的、一般化的,是人皆有之的,并没有说明个体差异。

(三)行为主义人格理论

与心理分析及人本主义理论强调人的内在本能或过程相反,行为主义理论注重外在条件,强调环境因素对人格的影响。

1.严格的行为主义理论

严格的行为主义的人格观认为:行为和人格基本上是由外在环境塑造的;人格是外显与内隐反应的总和,这些反应是作为个人被强化了的历史的结果而被可靠地引发的;人之所以有个体差异,是因为他们有着不同的被强化了的经历。不难看到,行为主义理论实质上把人格等于行为,而这些行为是通过环境条件作用的强化而被固定下来,并形成具有个人独特性的模式的。行为主义学者关心的是行为如何随着环境改变而变化,而不是像其他派别那样,关心具有持久性的特质、本能和自我。

2.社会学习理论

新行为主义学派对传统的理论做了大量革新,其中最著名的是斯坦福大学的班都拉。他以学习理论为基础,补充以人自身的能动作用,强调人与社会环境的相互作用,从而提出了新的人格研究方法,形成了行为主义新流派:社会学习理论。

社会学习理论认为:人类既不是由内力驱动,也不是环境的摆布物。人有自己独特的认知过程,它们参与行为模式以至人格的获得和维系。由于人的认知活动首先是人们能够从符号,思考外部事物,可预见行为的可能的结果,而不需要实际去经历它们。这种学习叫做替代学习或观察学习。这是社会学习理论中最重要的概念之一。其次,人们可以评价自己的行为,为自己提供自我强化(自我奖赏或批判),而不必依靠外部强化。第三,人们可以调节、控制自己的行为,而不是被外界左右。

社会学习理论的改良拒绝了经典行为主义的环境决定论观点,强调个体、环境、行为三因素之间的复杂的交互作用。因此,社会学习理论又被称做"交互

43

决定论"。在这个理论中,所有的成分对于理解行为、人格、社会生态来说,都是重要的。

3. 米歇尔的人格理论

米歇尔是社会学习理论的另一位有特色的学者。他认为,可以用5个相互重叠、相互交错的概念解释行为的独特性和一致性。一是"能力":在过去学习的基础上,构造起对不同情境作出反应的行为程序,它们具有个人独特性和相当的稳定性。二是"编码":以独特的方式认识、划分经验。三是"预见":经过学习,形成关于不同行为的奖惩期望。四是"结果":有两种,一种是环境作用造成的结果,一种是基于个人能力的结果。五是"计划":计划或规定在特定情境中的行为,这种计划具有相当的个人独特性。米歇尔认为,这5个方面构成人格的5个元素,它们是个人过去学习的结果,并指引着未来的学习,因此,它们是个人生活的结果,也规定了未来生活的风格。

4. 对行为主义理论的评价

行为主义学派主要人格理论的客观内容,用明确界定的语言研究,描述可测量的行为,其结论、观点可以被检验、再检验,符合普遍的科学性标准。而且由于其方法以客观测量、操作化定义下的实验为基础,所得到的结果有长效价值,经得起时间的考验。尤其是,行为学派提供了很好的行为矫正方法,见效快,疗效巩固。

二、职业人格理论

(一)霍兰德职业人格理论

约翰·霍兰德是美国约翰·霍普金斯大学心理学教授,美国著名的职业指导专家。他于1959年提出了具有广泛社会影响的职业兴趣理论。认为人的人格类型、兴趣与职业密切相关,兴趣是人们活动的巨大动力,凡是具有职业兴趣的职业,都可以提高人们的积极性,促使人们积极地、愉快地从事该职业,且职业兴趣与人格之间存在很高的相关性。霍兰德认为人格可分为现实型、研究型、艺术型、社会型、企业型和常规型六种类型。

1. 霍兰德职业人格理论的发展

兴趣测验的研究可以追溯到20世纪初,桑代克于1912年对兴趣和能力的关系进行了探讨。1915年詹穆士发展了一个关于兴趣的问卷,标志着兴趣测验的系统研究的开始。1927年,斯特朗编制了斯特朗职业兴趣调查表,是最早的职业兴趣测验。库德又在1939年发表了库德爱好调查表。1953年编制了职业偏好量表,并在此基础上发展了自我指导探索(1969),据此提出了"人格特质与工作环境相匹配"的理论(1970)。不难看出,在霍兰德职业兴趣理论提出之前,关于职业兴趣测试和个体分析是孤立的,霍兰德将两者有机结合起来。此后,霍兰德理论经过不断丰富和发展,使职业的类型和性质有机地结合起来。

2.霍兰德职业人格的类型及匹配职业

(1)社会型(S)

共同特征:喜欢与人交往、不断结交新的朋友、善言谈、愿意教导别人。关心社会问题、渴望发挥自己的社会作用。寻求广泛的人际关系,比较看重社会义务和社会道德。

匹配职业:喜欢要求与人打交道的工作,能够不断结交新的朋友,从事提供信息、启迪、帮助、培训、开发或治疗等事务,并具备相应能力。如:教育工作者(教师、教育行政人员),社会工作者(咨询人员、公关人员)。

(2)企业型(E)

共同特征:追求权力、权威和物质财富,具有领导才能。喜欢竞争、敢冒风险、有野心、抱负。为人务实,习惯以利益得失、权利、地位、金钱等来衡量做事的价值,做事有较强的目的性。

匹配职业:喜欢要求具备经营、管理、劝服、监督和领导才能,以实现机构、政治、社会及经济目标的工作,并具备相应的能力。如项目经理、销售人员,营销管理人员、政府官员、企业领导、法官、律师。

(3)常规型(C)

共同特点:尊重权威和规章制度,喜欢按计划办事,细心、有条理,习惯接受他人的指挥和领导,自己不谋求领导职务。喜欢关注实际和细节情况,通常较为谨慎和保守,缺乏创造性,不喜欢冒险和竞争,富有自我牺牲精神。

匹配职业:喜欢要求注意细节、精确度、有系统有条理,具有记录、归档、依据特定要求或程序组织数据和文字信息的职业,并具备相应能力。如:秘书、办公室人员、记事员、会计、行政助理、图书馆管理员、出纳员、打字员、投资分析员。

(4)实际型(R)

共同特点:愿意使用工具从事操作性工作,动手能力强,做事手脚灵活,动作协调。偏好于具体任务,不善言辞,做事保守,较为谦虚。缺乏社交能力,通常喜欢独立做事。

匹配职业:喜欢使用工具、机器,需要基本操作技能的工作。对要求具备机械方面才能、体力或从事与物件、机器、工具、运动器材、植物、动物相关的职业有兴趣,并具备相应能力。如:技术性职业(计算机硬件人员、摄影师、制图员、

45

机械装配工),技能性职业(木匠、厨师、技工、修理工、农民、一般劳动)。

(5)调研型(I)

共同特点:思想家而非实干家,抽象思维能力强,求知欲强,肯动脑,善思考,不愿动手。喜欢独立的和富有创造性的工作。知识渊博,有学识才能,不善于领导他人。考虑问题理性,做事喜欢精确,喜欢逻辑分析和推理,不断探讨未知的领域。

匹配职业:喜欢智力的、抽象的、分析的、独立的定向任务,要求具备智力或分析才能,并将其用于观察、估测、衡量、形成理论、最终解决问题的工作,并具备相应的能力。如科学研究人员、教师、工程师、电脑编程人员、医生、系统分析员。

(6)艺术型(A)

共同特点:有创造力,乐于创造新颖、与众不同的成果,渴望表现自己的个性,实现自身的价值。做事理想化,追求完美,不重实际。具有一定的艺术才能和个性。善于表达、怀旧、心态较为复杂。

匹配职业:喜欢的工作要求具备艺术修养、创造力、表达能力和直觉,并将其用于语言、行为、声音、颜色和形式的审美、思索和感受,具备相应的能力。不善于事务性工作。如艺术方面(演员、导演、艺术设计师、雕刻家、建筑师、摄影家、广告制作人),音乐方面(歌唱家、作曲家、乐队指挥),文学方面(小说家、诗人、剧作家)。

3.霍兰德职业人格的观点

霍兰德所划分的六大类型,并非是并列的、有着明晰的边界的。大多数人都并非只有一种性向(比如,一个人的性向中很可能是同时包含着社会性向、实际性向和调研性向这三种)。霍兰德认为:

(1)多数人可被纳入六种职业人格类型中的一种,但人们具有广泛的适应能力,其人格类型在某种程度上相近于另外两种类型,且也能适应另两种职业类型的工作。

(2)各类型职业人格间,存在着"相邻"、"相隔"、"相对"等关系。

1)相邻关系:如 RI、IR、IA、AI、AS、SA、SE、ES、EC、CE、RC 及 CR。属于这种关系的两种类型的个体之间共同点较多,现实型 R、研究型 I 的人就都不太偏好人际交往,这两种职业环境中也都较少机会与人接触。

2)相隔关系:如 RA、RE、IC、IS、AR、AE、SI、SC、EA、ER、CI 及 CS,属于这种关系的两种类型个体之间共同点较相邻关系少。

3)相对关系:在六边形上处于对角位置的类型之间即为相对关系,如 RS、

IE、AC、SR、EI、及 CA 即是,相对关系的人格类型共同点少,因此,一个共同人同时对处于相对关系的两种职业环境都兴趣很浓的情况较为少见。

（3）理想的职业选择是个人能找到与其人格类型重合的职业环境,如实际型人格的人在实际型的职业环境中工作,此称之为"一致性或谐和"。

（4）如果一个人在与其人格类型一致的职业环境中工作,容易感到乐趣及内在的满足,也最有可能充分发挥其才能。

（5）如果一个人在与其人格类型相近似的职业环境中工作,经过努力,应该可以适应此种职业环境。

（二）MBTI 人格理论

MBTI 人格理论是目前国际上应用最广泛的职业规划和个性测评理论。MBTI 源自瑞士著名心理学家卡尔·荣格的心理类型理论,后经不断地研究和发展,现已广泛地应用于职业发展、职业咨询、团队建议、婚姻教育等方面。

这种理论可以帮助解释为什么不同的人对不同的事物感兴趣、擅长不同的工作、并且有时不能互相理解。这个工具已经在世界上运用了将近 30 年的时间,夫妻利用它增进融洽、老师学生利用它提高学习、授课效率,青年人利用它选择职业,组织利用它改善人际关系、团队沟通、组织建设、组织诊断等多个方面。在世界五百强中,有 80% 的企业有 MBTI 的应用经验。

1. MBTI 人格理论的内容

MBTI 人格共有四个维度,每个维度有两个方向,共计八个方面。分别是：

- 精力支配:外向 E — 内向 I（驱动力的来源）;
- 认识世界:实感 S — 直觉 N（接受信息的方式）;
- 判断事物:思维 T — 情感 F（决策的方式）;
- 生活态度:判断 J — 知觉 P（对待不确定性的态度）。

每个人的性格都落足于四种维度每一种中点的这一边或那一边,我们把每种维度的两端称做"偏好"。例如:如果你落在外向的那一边,那么就可以说你具有外向的偏好。如果你落在内向的那一边,那么就可以说你具有内向的偏好。其中两两组合,可以组合成 16 种人格类型。

2. MBTI 16 种人格类型

（1）ISTJ

1）严肃、安静、借由集中心志与全力投入,及可被信赖获致成功。;

2）行事务实、有序、实际、逻辑、真实及可信赖;

3）十分留意且乐于任何事（工作、居家、生活均有良好组织及有序）;

4）负责任;

5)照设定成效来作出决策且不畏阻挠与闲言会坚定为之；

6)重视传统与忠诚；

7)传统性的思考者或经理。

(2)ISFJ

1)安静、和善、负责任且有良心；

2)行事尽责投入；

3)安定性高,常具项目工作或团体之安定力量；

4)愿投入、吃苦及力求精确；

5)兴趣通常不在于科技方面,对细节事务有耐心；

6)忠诚、考虑周到、知性且会关切他人感受；

7)致力于创构有序及和谐的工作与家庭环境。

(3)INFJ

1)因为坚忍、创意及必须达成的意图而能成功；

2)会在工作中投注最大的努力；

3)默默的、诚挚的及用心的关切他人；

4)因坚守原则而受敬重；

5)提出造福大众利益的明确远景而为人所尊敬与追随；

6)追求创见、关系及物质财物的意义及关联；

7)想了解什么能激励别人及对他人具洞察力；

8)光明正大且坚信其价值观；

9)有组织且果断地履行其愿景。

(4)INTJ

1)具强大动力与本意来达成目的与创意——固执顽固者；

2)有宏大的愿景且能快速在众多外界事件中找出有意义的模范；

3)对所承负职务,具良好能力于策划工作并完成；

4)具怀疑心、挑剔性、独立性、果决,对专业水准及绩效要求高。

(5)ISTP

1)冷静旁观者——安静、预留余地、弹性及会以无偏见的好奇心与未预期的原始的幽默观察与分析；

2)有兴趣于探索原因及效果,技术事件是为何及如何运作且使用逻辑的原理组构事实、重视效能；

3)擅长于掌握问题核心及找出解决方式；

4)分析成事的缘由且能实时由大量资料中找出实际问题的核心。

（6）ISFP

1）羞怯的、安宁和善的、敏感的、亲切的、且行事谦虚；

2）喜于避开争论，不对他人强加己见或价值观；

3）无意于领导却常是忠诚的追随者；

4）办事不急躁，安于现状无意于以过度的急切或努力破坏现况，且非成果导向；

5）喜欢有自有的空间及照自订的时间和行程办事。

（7）INFP

1）安静的观察者，具理想性与对其价值观及重要之人具忠诚心；

2）喜外在生活形态与内在价值观相吻合；

3）具好奇心且很快能看出机会所在，常担负开发创意的触媒者；

4）除非价值观受侵犯，行事会具弹性、适应力高且承受力强；

5）具想了解及发展他人潜能的企图，想做太多且做事全神贯注；

6）对所处境遇及拥有不太在意。

（8）INTP

1）安静、自持、弹性及具适应力；

2）特别喜爱追求理论与科学事理；

3）习惯于以逻辑及分析来解决问题——问题解决者；

4）最有兴趣于创意事务及特定工作，对聚会与闲聊无大兴趣；

5）追求可发挥个人强烈兴趣的生涯；

6）追求发展对有兴趣事务的逻辑解释。

（9）ESTP

1）擅长现场实时解决问题——解决问题者；

2）喜欢办事并乐于其中及享受过程；

3）倾向于技术事务及运动，交结同好友人；

4）具适应性、容忍度、务实性；投注心力于会很快具成效的工作；

5）不喜欢冗长概念的解释及理论；

6）专精于可操作、处理、分解或组合的真实事务。

（10）ESFP

1）外向、和善、接受性、乐于分享喜乐予他人；

2）喜欢与他人一起行动且促成事件发生，在学习时亦然；

3）知晓事件未来的发展并会热烈参与；

4）最擅长于人际相处能力及具备完备常识，很有弹性，能立即适应他人与环境；

5）对生命、人、物质享受的热爱者。

（11）ENFP

1）充满热忱、活力充沛、聪明的、富想象力的，视生命充满机会但期能得自他人的肯定与支持；

2）几乎能达成所有有兴趣的事；

3）对难题很快就有对策并能对有困难的人施予援手；

4）依赖能改善的能力而无须预先作规划准备；

5）为达目的常能找出强制自己为之的理由；

6）即兴执行者。

（12）ENTP

1）反应快、聪明、长于多样事务；

2）具激励伙伴、敏捷及直言之专长；

3）会为了有趣而对问题的两面加予争辩；

4）对解决新及挑战性的问题富有策略，但会轻忽或厌烦经常的任务与细节；

5）兴趣多元，易倾向于转移至新生的兴趣；

6）对所想要的会有技巧地找出逻辑的理由；

7）长于看清楚他人，有智能去解决新或有挑战的问题。

（13）ESTJ

1）务实、真实、事实倾向，具企业或技术天分；

2）不喜欢抽象理论；最喜欢学习可立即运用的事理；

3）喜好组织与管理活动且专注以最有效率的方式行事以达致成效；

4）具决断力、关注细节且很快作出决策——优秀行政者；

5）会忽略他人感受；

6）喜作领导者或企业主管。

（14）ESFJ

1）诚挚、爱说话、合作性高、受欢迎、光明正大的——天生的合作者及活跃的组织成员；

2）重和谐且长于创造和谐；

3）常做对他人有益的事务；

4）给予鼓励及称许会有更佳的工作成效；

5）最有兴趣于会直接及有形影响人们生活的事务；

6)喜欢与他人共事去精确且准时地完成工作。

(15)ENFJ

1)热忱、易感应及负责任的——具能鼓励他人的领导风格;

2)对别人的所想或希求会表达真正地关切且切实用心处理;

3)能怡然且技巧性地带领团体讨论或演示文稿提案;

4)爱交际、受欢迎及富有同情心;

5)对称许及批评很在意;

6)喜欢带引别人且能使别人或团体发挥潜能。

(16)ENTJ

1)坦诚、具决策力的活动领导者;

2)长于发展与实施广泛的系统以解决组织的问题;

3)专精于具内涵与智能的谈话,如对公众演讲;

4)乐于经常吸收新知且能广开信息管道;

5)易生过度自信,会强于表达自己的创见;

6)喜于长程策划及目标设定。

3. MBTI 的四大归类

实际上这 16 种类型又归于四个大类之中,四个大类型如下:

(1)SJ 型——忠诚的监护人

具有 SJ 偏爱的人,他们的共性是有很强的责任心与事业心,他们忠诚、按时完成任务,推崇安全、礼仪、规则和服从,他们被一种服务于社会需要的强烈动机所驱使。他们坚定、尊重权威、等级制度,持保守的价值观。他们充当着保护者、管理员、稳压器、监护人的角色。大约有 50% 左右 SJ 偏爱的人为政府部门及军事部门的职务所吸引,并且显现出卓越成就。其中在美国执政过的 41 位总统中有 20 位是 SJ 偏爱的人,如:乔治·布什、乔治·华盛顿等。

(2)SP 型——天才的艺术家

有 SP 偏好的人有冒险精神,反应灵敏,在任何要求技巧性强的领域中游刃有余,他们常常被认为是喜欢活在危险边缘寻找刺激的人。他们为行动、冲动和享受现在而活着:约有 60% 左右 SP 偏好的人喜欢艺术、娱乐、体育和文学,他们被称赞为天才的艺术家。我们熟悉的明星麦当娜、玛丽莲·梦露、篮球魔术师约翰逊、迈克尔·乔丹、帕布洛·毕加索、音乐大师莫扎特等都是具有 SP 性格特点。

(3)NT 型——科学家、思想家的摇篮

NT 偏爱的人有着天生的好奇心,喜欢梦想,有独创性、创造力、洞察力,有兴趣获得新知识,有极强的分析问题、解决问题的能力。他们是独立的、理性的、有能力的人。人们称 NT 是思想家、科学家的摇篮,大多数 NT 类型的人喜欢物理、管理、电脑、法律、金融、工程等理论性和技术性强的工作。达尔文、牛顿、爱迪生、瓦特这些发明家、科学家你一定不陌生吧!还有比尔·盖茨、阿伯特·爱因斯坦、玛格丽特·萨切尔等都具有 NT 性格特点。

(4)NF 型——理想主义者

精神领袖 NF 偏爱的人在精神上有极强的哲理性,他们善于言辩、充满活力、有感染力、能影响他人的价值观并鼓舞其激情。他们帮助别人成长和进步,具有煽动性,被称为传播者和催化剂。如:弗拉基米尔·列宁、奥普拉·温弗尼、莫汉迪斯·甘地等都具有 NF 性格特点。

当然,MBTI 的类型会随着年龄的增加、经验的丰富而发展完善。大部分人在二十岁以后会形成稳定的 MBTI 类型,此后基本固定。根据 MBTI 理论,每种个性类型均有相应的优点和缺点、适合的工作环境、适合自己的岗位特质。使用 MBTI 进行职业生涯开发的关键在于如何将个人的人格特点与职业特点进行结合。

【"大五"人格测评】

一、"大五"人格问卷

指导语:在以下的每个数字号表中,指出你一般最想描述的点。假使态度中等,就将记号打在中点。

1.	迫切的	5	4	3	2	1	冷静的
2.	群居的	5	4	3	2	1	独处的
3.	爱幻想的	5	4	3	2	1	现实
4.	礼貌的	5	4	3	2	1	粗鲁的
5.	整洁的	5	4	3	2	1	混乱的
6.	谨慎的	5	4	3	2	1	自信的
7.	乐观的	5	4	3	2	1	悲观的
8.	理论的	5	4	3	2	1	实践的

9.		大方的	5	4	3	2	1	自私的
10.		果断的	5	4	3	2	1	开放的
11.		泄气的	5	4	3	2	1	乐观的
12.		外显的	5	4	3	2	1	内隐的
13.		跟从想象的	5	4	3	2	1	服从权威的
14.		热情的	5	4	3	2	1	冷漠的
15.		自制的	5	4	3	2	1	易受干扰的
16.		易难堪的	5	4	3	2	1	老练的
17.		开朗的	5	4	3	2	1	冷淡的
18.		追求新奇的	5	4	3	2	1	追求常规的
19.		合作的	5	4	3	2	1	独立的
20.		喜欢次序的	5	4	3	2	1	适应喧闹的
21.		易分心的	5	4	3	2	1	镇静的
22.		保守的	5	4	3	2	1	有思想的
23.		适于模棱两可的	5	4	3	2	1	适于轮廓清楚的
24.		信任的	5	4	3	2	1	怀疑的
25.		守时的	5	4	3	2	1	拖延的

二、记分指导

（一）找出每组（用线分隔的）第一排题目你所选择的数字,并求和（第1排＋第6排＋第11排＋第16排＋第21排＝   ）。这是你的"适应性"原始分。圈出转换表（表2.2）中"适应性"一列对应于原始分的标准分。

（二）找出每组（用线分隔的）第一排题目你所选择的数字,并求和（第2排＋第7排＋第12排＋第17排＋第22排＝   ）。这是你的"社交性"原始分。圈出转换表（表2.2）中"社交性"一列对应于原始分的标准分。

（三）找出每组（用线分隔的）第一排题目你所选择的数字,并求和（第3排＋第8排＋第13排＋第18排＋第23排＝   ）。这是你的"开放性"原始分。圈出转换表（表2.2）中"开放性"一列对应于原始分的标准分。

（四）找出每组（用线分隔的）第一排题目你所选择的数字,并求和（第4排＋第9排＋第14排＋第19排＋第24排＝   ）。这是你的"利他性"原始分。圈出转换表（表2.2）中"利他性"一列对应于原始分的标准分。

（五）找出每组（用线分隔的）第一排题目你所选择的数字，并求和（第5排＋第10排＋第15排＋第20排＋第25排＝　　　）。这是你的"道德感"原始分。圈出转换表（表2.2）中"道德感"一列对应于原始分的标准分。

（六）找出与原始分对应的标准分，将它们的和填入表格底部相应的列中。

（七）将你的标准分对照"大五位置解释表"（表2.3）。

表2.2 "大五"人格因素得分转换表

标准分	适应性	社交性	开放性	利他性	道德感	标准分
80						80
79			25			79
78						78
77	22					77
76			24			76
75						75
74						74
73	21		23			73
72		25				72
71				25		71
70	20	24	22			70
69					25	69
68				24		68
67		23	21		24	67
66	19					66
65		22		23	23	65
64			20			64
63					22	63
62	18	21	19	22		62
61					21	61
60		20				60
59	17		18	21	20	59
58						58
57		19				57
56			17			56
55	16	18		20	19	55
54			16	19		54
53						53

标准分	适应性	社交性	开放性	利他性	道德感	标准分
52		17			18	52
51	15					51
50		16	15	18	17	50
49						49
48	14	15			16	48
47			14	17		47
46		14			15	46
45			13			45
44	13			16	14	44
43		13				43
42			12			42
41				15	13	41
40	12	12	11			40
39						39
38				14	12	38
37		11	10			37
36	11					36
35		10		13	11	35
34			9			34
33	10	9			10	33
32				12		32
31			8			31
30		8			9	30
29	9			11		29
28		7	7		8	28
27				10		27
26		6			7	26
25	8		6			25
24				9	6	24
23						23
22			5			22
21	7					21
20		5		8		20
标准分	适应性＝	社交性＝	开放性＝	利他性＝	道德感＝	

表2.3 大五位置解释表

强适应性 安全的、镇静的、理性的、 感觉迟钝的、无负罪感的	有活力的 敏感的 易反应的			弱适应性 兴奋的、忧虑的、警觉的、 高度紧张的
	35	45	55 65	
低社交性的 独立的、保守的、难打交道 的、阅读艰难的	内向	中向	外向	高社交性的 确信的、社交性、热情的、 乐观的、健谈的
	35	45	55 65	
低开放性的 保守的、实践的、有效率的、 专业的、有知识深度的	保守	温和	开拓	高开放性的 兴趣广泛的、好奇的、自由 的、追求新奇的
	35	45	55 65	
低利他性的 怀疑的、攻击性的、坚韧的、 自私自利的	挑战的	调停的	容纳的	高利他性的 信任的、谦虚的、合作的、 坦白的、不喜冲突的
	35	45	55 65	
低道德感的 自发的、无组织的	灵活的	平衡的	专注的	高道德感的 依附的、有组织的、有原则 经验的、谨慎的、固执的
	35	45	55 65	

注：以上有关"大五"人格因素的测评是针对教学目的的。

第三章 职业性格

职业性格是一定的职业对从业者在性格上的要求。有的放矢地选择适合自己性格的职业,随时随地根据社会的需要和职业的特点,扬长避短,取长补短,使良好的性格特征得以保持和发扬,不良性格特征得以纠正和重塑。

第一节 气质与性格

一、气质的内涵

气质是受人的高级神经活动类型制约,不依活动目的和内容为转移的典型的、稳定的心理活动的动力特性。动力特性指的是个体进行心理和行为活动时的速度、强度、指向性及灵活性、持久性、稳定性等动力方面的特征。

(一)气质的特点

1. 先天性:气质是受个体先天生物学因素制约的;

2. 稳定性:气质是相对稳定的,有一定可塑性;

3. 典型性:气质是有明显典型表现的,并且在个体的发展上表现较早。

(二)气质的类型(体液分类说)

1. 多血质:"春天的雨"

心理学家把类似于《水浒传》里"浪子"燕青的气质,叫做多血质。

具有这种气质的人总是像春风一样"得意洋洋",富有朝气。这种类型的学生乖巧伶俐,惹人喜爱。他们的情绪丰富而外露,喜怒哀乐皆形于色,他们那副表情多变的脸折射出他们的内心世界。活泼、好动、乐观、灵活是他们的优点,他们喜欢与人交往,有种"自来熟"的本事,但交情浅淡。他们的语言表达能力强且富有感染力,一件平淡无奇的小事能被他们描述得锦上添花、精彩无比。他们思维灵活,行动敏捷,对各种环境适应力强,教育可塑性也很强。但是,他们气质上的弱点是缺乏耐心和毅力,稳定性差,见异思迁。

59

2.胆汁质:"夏天的火"

心理学家把类似于《水浒传》里"黑旋风"李逵的气质,叫做胆汁质。

具有这种类型气质的人,就像"夏天里的一团火",有股火爆的脾气。这种人的情绪爆发快,"点火就着",暴跳如雷,但情绪又难持久,如同一阵狂风、一场雷雨,来去匆匆。这种人精力旺盛,争强好斗,做事勇敢果断,为人热情直爽、朴实真诚;但是,他们的思维常常是粗枝大叶、不求甚解,遇事欠思量,鲁莽冒失,做事常常感情用事,刚愎自用,然而却表里如一。这种类型气质的学生,常常被称为是"倔童"或"顽童"。"倔童"生性倔强,爱使性子,有股子"十头牛也拉不回来"的倔劲儿。"顽童"生性好动,一刻不能安静,仿佛有永远用不完的"能量",只有等他睡下,家庭才骤然变得平静。这种学生的整个心理活动都笼罩着迅速而突变的色彩。

3.抑郁质:"秋季的风"

心理学家把类似《红楼梦》里林黛玉的气质,叫做抑郁质。

这种气质给人以"秋风落叶"般无奈、忧伤的感觉。这种人的情绪体验深刻、细腻而又持久,主导心境消极抑郁,多愁善感,心事重重,给人以柔弱怯懦的感觉。具备这种气质类型的学生,聪明而富有想象力,自制力强,注重内心世界,不善交往,孤僻离群,软弱胆小,萎靡不振,他们的行为举止缓慢而单调,虽然踏实稳重,但却柔弱寡断。

4.黏液质:"冬季的雪"

心理学家把类似于《水浒传》里的"豹子头"林冲的气质,叫做黏液质。

这种气质就像冬天一样无艳丽的色彩装点却"冰冷耐寒",虽沉稳,但缺乏生气。这类学生安静稳重,沉默寡言。喜欢沉思,表情平淡,情绪不易外露,但内心的情绪体验深刻,外表似乎给人"冷"的感觉,也被称为"热水壶",外凉内热。这种人自制力很强,不怕困难,忍耐力强,表现出内刚外柔。他们与人交往适度,交情深厚,知心朋友多。他们的思维灵活性略差,但考虑问题细致而周到,这往往弥补了他们思维的不足。学习虽然接受慢了些,但却很扎实,是个踏踏实实的学生。他们平时总是四平八稳的,所以有时"火烧眉毛也不着急"。这类学生的行为主动性比较差,经常是家长和老师让他们去做某事才会去做,而并不是他们不想做。

二、性格的内涵

性格是一个人在个体生活过程中形成的对现实的稳固的态度以及与之相应的习惯化的行为方式中表现出来的心理特征。

性格是个人对现实的稳定的态度和与之相应的习惯的行为方式。例如有的人对待工作总是一丝不苟，认真负责；有的人待人总是宽宏大度，热心帮助；有的人处事坚毅果断，大胆泼辣；有的人虚心谦虚，严于律己，这种对人、对事、对己等表现出来的稳定的态度体系和行为样式就是人的性格。

（一）性格的特点

1. 性格不是天生的，而是在有机体与环境不断的相互作用中形成的；

2. 性格具有整体性、稳定性、习惯性和可变性；

3. 性格具有好坏之分，它具有社会性和发展上的阶段性。

（二）性格的类型

在现实生活中，我们在周围人身上可以看到各种各样的性格差异。有的人热情奔放，有的人冷淡孤僻；有的人聪慧敏捷，有的人反应迟缓；有的人顽强果断，有的人优柔寡断；有的人善良助人，有的人恃强凌弱等等。心理学家们曾经以各自的标准和原则，对性格类型进行了分类，下面是几种有代表性的观点。

1. 从心理机能上划分，性格可分为理智型、情感型和意志型；

2. 从心理活动倾向性上划分，性格可分为内倾型和外倾型；

3. 从社会生活方式上划分，性格分为理论型、经济型、社会型、审美型、宗教型；

4. 从个体独立性上划分，性格分为独立型、顺从型、反抗型。

三、气质与性格的关系

气质与性格是容易混淆的两个概念，两者之间既有区别，又有联系。

（一）气质与性格的区别

1. 气质的先天性和性格的社会性

由于性格更多受到后天环境的影响，具有较为明显的社会化特性。在不同的社会文化条件下，人们的性格有较大的差异。而气质是人们心理活动和行为稳定的动力特点，受遗传影响较大，人们生来的气质差异就比较明显。

2. 气质变化慢、难，性格变化快、容易

性格与气质的生理基础有所区别。气质的生理基础是高级神经活动的类型特点，气质的特点也源于高级神经活动的类型特点。由于高级神经系统不受生活条件的影响，故而气质具有很大的稳定性。而性格的生理基础是两个方面的"合金"，一方面是高级神经活动的类型对性格具有影响作用，另一方面是通过经验建立起来的暂时神经联系系统对性格发挥着主导作用。性格的基本机制是在高级神经活动的类型基础之上后天建立的条件反射系统。

3.气质无好坏,性格有好坏

气质本身无优劣之分,任何一种气质都有其积极和消极的方面,气质也不能决定一个人活动的社会价值和成就的高低。性格具有社会评价的意义,反映了社会文化的内涵,有好坏之分。

(二)气质与性格的联系

1.气质可以按照自己的动力方式影响性格的表现形式,即影响一个人对待事物的态度和行为风格,使性格带上某种气质的色彩。

气质给性格特征"打上烙印,涂上色彩"。例如,同样是爱劳动的人,爱劳动这一性格特征相同,但不同气质类型的人在劳动中的表现则大不一样。胆汁质的人干起活来精力旺盛,热情很高,汗流浃背;多血质的人则总想找点窍门,少用力,效率高;黏液质的人则踏实苦干,操作精细;抑郁质的人则累得披头散发还是追不上别人。又如,同样是骄傲,胆汁质的人可能直接说大话,甚至口出狂言,让人一听就知道他骄傲。而多血质的人很可能把别人表扬一通,最后露出略比别人高明一点,骄傲得很婉转。黏液质的人骄傲起来可能不言不声,表现出对人的蔑视。

2.气质可以影响性格的形成和发展的速度与动态,对一定的性格特性起着促进或阻碍的作用。

胆汁质的人比黏液质、抑郁质的人更容易做出草率决定,而黏液质的人则比多血质的人办事更稳重。胆汁质、多血质的人易于形成外向性格,黏液质、抑郁质易于形成内向性格。虽然,气质对性格的形成与表现发生一定的影响,但它并不决定一个人最终形成什么样的性格。气质不同的人形成相同的性格品质是可能的,而同一气质类型的人也可能形成不同性格。所以,在气质基础上形成什么样的性格特征,在很大程度上取决于性格当中的意志特征。

3.基于后天经验的性格可以在一定程度上掩盖和改造气质,指导气质的发展,使它更有利于个体适应周围的生活环境。

第二节 职业性格的内涵

一、职业性格的概念

职业性格是指人们在长期特定的职业生活中所形成的与职业相联系的、稳定的心理特征。例如,有的人对待工作总是一丝不苟,踏实认真;在待人处事中总是表现出高度的原则性、果断、活泼、负责;在对待自己的态度上总是表现为谦虚、自信,严于律己等,所有这些特征的总和就是他的职业性格。

二、职业性格的类型

不同的依据对职业性格的类型有多种区分方法。根据对社会及文化的价值观,可分为理论型、经济型、社会型、权利型;根据兴趣与职业的关系,可分为实际型、研究型、艺术型、企业型;根据心理活动的指向,分为内向型和外向型。同时应该指出的是,纯粹属于某一种类型的人不多,大部分人都属于混合型,不同的职业性格类型只是存在着程度上的差异。

(一)按兴趣与职业分类

美国著名职业指导专家霍兰德创立了人格职业匹配理论,在这一理论中,霍兰德把职业人格化分为六种类型,每种职业人格类型都有相应感兴趣的职业。下面是6种职业人格类型及相应的职业类型:

1.实际型。这类人喜欢有规则的具体劳动和需要基本操作技能的工作,但缺乏社交能力。适合从事的主要是熟练的手工、木工、瓦工、铁匠、修理工、农民等。

2.研究型。这类人喜欢智力的、抽象的、分析的、推理的和独立的定向任务,但缺乏领导能力。适合的工作主要是科学研究和实验工作,包括各类科学研究人员,如气象学者、天文学者、地质学者,以及物理学、化学、数学等学科的科学工作者。

3.艺术型。这类人喜欢通过艺术作品来达到自我表现的目的,他们感情丰富,喜欢富于想象和创意、自由、具有艺术性质的工作和环境,对艺术创作充满兴趣,但缺乏办事能力。适合从事的工作如演员、诗人、作家、记者、音乐、书画、雕塑、舞蹈等各类文学、艺术工作者。

4.社会型。这类人喜欢社会交往,关心社会问题,乐于指导和帮助他人,但缺乏机械能力。所从事的职业主要是与人打交道、职业包括教师、教育行政人员、咨询人员、公关人员、医生、律师、服务员、社团工作者、社会活动家等。

5.管理型。这类人性格外向,对冒险活动、领导角色感兴趣,具有支配、劝说和使用语言的能力,喜欢管理和控制别人。但这类人缺乏科学研究能力。适合的工作主要是管理、决策方面的工作,如国家机关及机构负责人、党团干部、经理、厂长、推销员,以及宣传、推广等工作。

6.常规型。这类人对系统的有条理的工作感兴趣,讲究实际,喜欢有秩序的生活,习惯按照固定的规程、计划办事。他们习惯选择与组织结构、文件档案和日程表之类的东西打交道的工作。如办公室办事员、图书管理员、统计员、出纳员、秘书,以及校对、打字等工作。

(二)按内向与外向分类

1.外向型

外向型的人对外界事物表现出关心和兴趣,善于表露自己的情感和行为,并乐于与人交往。外向型又可分为以下5种。

(1)社交型:能言善辩、爽朗大方、积极、合群;

(2)行动型:说干就干、现实高效、好动、易变化;

(3)乐天型:积极、愉快、不拘小节;

(4)情感型:敏感多疑、多愁善感、喜怒哀乐变化无常;

(5)自负型:自命不凡、目中无人、过高地评价自己。

2.内向型

内向型的人对外界事物缺少关心和兴趣,不善于表露自己的情感和行为,而且不乐于与人交往。内向型可分为以下5种。

(1)孤独型:沉默寡言、谨慎、消极、孤独;

(2)思考型:善于思考、提纲挈领;

(3)不安型:循规蹈矩、小心翼翼、清高;

(4)冷静型:沉着、稳重;

(5)自卑型:不自信、自责自卑感强。

(三)按表现与特点分类

根据个体性格特点和工作表现特点,可分为以下9种职业性格。

1.变化型:能够在新的或意外的工作情境中感到愉快,喜欢工作内容经常有些变化,在有压力的情况下工作得很出色,追求并且能够适应多样化的工作环境,善于将注意力从一件事转移到另一件事情上去。

2.重复型:适合并喜欢连续不断地从事同一种工作,喜欢按照一个固定的模式或别人安排好的计划工作,爱好重复的、有规则的、有标准的职业。

3.服从型:喜欢配合别人或按照别人的指示去办事,愿意让别人对自己的工作负责,不愿意自己担负责任,不愿意自己独立作出决策。

4.独立型:喜欢计划自己的活动并指导别人的活动,会从独立的、负有责任的工作中获得快感,喜欢对将要发生的事情作出决定。

5.协作型:会对与人协同工作感到愉快,善于引导别人按客观规律办事,希望自己能得到同事的喜欢。

6.劝服型:乐于设法使别人同意自己的观点,并能够通过交谈或书面文字达到自己的目的。对别人的反应具有较强的判断能力,并善于影响他人的态度、观点和判断。

7. 机智型:在紧张,危险的情况下能很好地执行任务,在意外的情况下,能够自我控制、镇定自若,工作出色。在出差错时不会惊慌,应变能力强。

8. 自我表现型:喜欢表现自己,通过自己的工作和情感来表达自己的思想。

9. 严谨型:注重细节的精确,愿意在工作过程的各个环节中,按照一套规则、步骤将工作过程做得尽善尽美。工作严格、努力、自觉、认真,保质保量,喜欢看到自己出色完成工作后的效果。

第三节　职业性格的影响因素

一、影响职业性格的因素

人的性格的形成受后天生活、学习和工作环境的影响较大,职业性格的形成更是如此。在职业实践中,除了要求个人具有一定的性格特征外,职业活动也会使人巩固或改变个人原有的性格特征,并形成许多适应职业要求的新的职业性格特征。如有一位女同学,在上学时是班里"东方女性"的代表,文静、内秀、少言寡语。毕业后,她进了一家外贸公司工作。五年后同学们聚会,大家惊异地发现,她的性格与以前相比变化很大,如今的她干练、精明、泼辣、能言善辩。原来,长期的外贸工作磨炼了她,使她逐渐改变了原有的性格,形成了适应职业需要的性格。

(一)职业环境对职业性格的影响

职业性格受其所处的职业环境的影响。每一种职业性格特征都反映了从业者对职业的态度,从业者对职业的态度与其职业关系密切相关。从业者在其所处的职业环境中与其他人结成了种种职业关系,最主要的是经济关系和业务关系。在共同工作的过程中,人们逐步形成对工作单位、部门、同事、工作以及对其他事物的态度。职业群体内部的状况、社会地位、领导作风、教育方法、员工的关系,以及单位的规章制度、传统、风尚、职业群体的发展水平等,都会影响人们的职业态度和相应的职业行为,从而影响从业者职业个性的形成和发展。

一般来说,外向型性格类型的人,更适合从事能发挥自己积极行动能力的,并与外界有着广泛接触的职业,如管理人员、律师、政治家、推销员、记者、教师等。内向型性格类型的人,比较适合从事有计划的、稳定的、不需要与人过多交往的职业,如科学家、技术人员、会计师、文字工作者、电讯工作人员、电脑工作人员等。但由于性格的形成受后天环境影响较大,它并不是一成不变的,客观环境的变化和个人的主观调节都会使职业性格发生改变,所以职业性格与职业的适应也并非绝对。

(二)职业活动对职业性格的影响

职业环境对人们职业性格的影响是通过职业活动来实现的,也就是说对职业性格的形成起决定作用的不是职业环境本身,而是人与职业环境的相互作用。有研究证明,人们职业性格形成的速度和质量直接依赖于个人的职业积极性和多方面的职业活动。在职业性格形成中起主要作用的活动种类随着年龄的不同而变化。在学前期,职业游戏活动起主导作用;学龄期主要是职业知识的学习和掌握,以及职业劳动和社会活动起主要作用;成人后,职业工作的作用最大,而且随着不同阶段所从事职业的不同,其中某一种职业活动对职业性格的影响可能起到主导作用。

由于职业活动对人们职业性格特征的形成具有决定性作用,所以处在相似社会条件下的人,如果从事同一类型的职业活动,他们就可能表现出相似的职业性格特征。

职业活动也会使个体巩固或改变原有的性格特征,并形成许多适应职业要求的新的性格特征,这些新的性格特征甚至能掩盖原先不适应职业要求的气质。例如,某从事外科手术工作的医生原来具有易冲动、不擅自控的胆汁质特征,通过职业训练和实践,养成了冷静沉着的性格特征,就有可能掩盖原来的气质特征。

二、职业性格影响职业倾向

(一)职业倾向的概念

职业倾向是指由一个人的接受教育程度及生活环境决定的,对某种职业类型的崇拜、追求、盼望及偏好。职业性格决定职业倾向,它们又共同决定个人发展的路线。

职业倾向是通过人的内在起因和外在表象,表现出来的。常见的职业倾向有以下五种表现形式。

1. 献身倾向:人们政治理想、职业理想高度发展的表现,以天下为己任、不图名、不图利、顾全大局、服从分配、忠于职守、勇于献身。

2. 成就倾向:有理想、有抱负的表现,为了发展和发挥自己的才能,往往忽视职业收入和社会声望等需求。

3.兴趣倾向:从兴趣出发选择职业,并无私的投入其中,这在青年人中常见。

4.衣食倾向:只把职业看成是谋生的手段,讲实惠、重收入。

5.交往倾向:看重职业中的人际交往,把职业当做交往的平台。

从业者的职业性格是逐渐形成和发展的,青年学生正处于调适个人性格,以适应职业要求的重要时期。

(二)职业倾向的引导

1.了解个体倾向

针对个体进行个性特征测试、职业倾向测试和就业意向调查等,充分了解个体的职业倾向,同时,要根据测试情况做好资料建档工作。

2.针对特性辅导

从调适职业倾向入手,可通过心理辅导,帮助学生明确学习目的,提高学习自主性,促使专业思想和职业技能的形成。心理辅导方式可采用个别辅导、小组辅导相结合的方式。根据学生在职业倾向测试中暴露出来的心理特征加强对学生职业倾向的引导,促使学生全面了解自我,提高职业指导的针对性和有效性。

3.满足个性发展

职业指导要从关注群体向关注个性化方向转变,职业指导工作应以学生个性发展和生涯发展为本,在工作上要突显人性化、个性化和细致化的特征。学校应从专业设置、教学计划、素质教育活动的拓展方面尽量满足学生的个性化发展。

第四节 职业性格的培养

一、培养目标

(一)强调知、情、行统一

职业性格培养要求学生不仅能灵活运用语言,创造性思维和想象,树立正确的人生观,而且要具有高尚的情操,能用正确的社会行为规范和价值标准来控制自己的行为,即追求知、情、行的统一,避免知、情、行相互冲突的多重性格。

(二)着眼教育,引导发展

职业性格的培养把知识获得、智力发展、技能形成视做性格培养的组成部分。人类已有的文明成果如语言、艺术、道德、哲学等所展示的人性具有十分丰富的内容,由它们所构成的有机整体真正展现了人格的深度和广度。这些文明成果是性格培养中认知教育的源泉。

(三)关注自我,重视人本

职业性格培养侧重于培养学生的自我调节与控制能力,认为必须把促进学生道德品质发展放在首位,坚持启发诱导,让学生独立思考自主判断,从而引发学生明理、觉悟和警醒,由此使学生逐渐形成健全的个性和独立的人格。

(四)理论指导,实践调节

重视非智力因素培养道德是调整人们之间以及个人和社会之间关系的行为规范的总称。它是一种内在的心理倾向,往往支配着一个人的外显行为,通常以社会舆论或社会规范作为评价标准,品德是指个人依据一定的道德行为准则行动时所表现出来的某种稳定特征,它是个性最具有道德评价意义的部分,是从道德观点对个体中性格所做的描述。

二、培养方法

(一)课堂教育与课外拓展相结合

以正面教育为主,采取课内课外、校内校外相结合,有效运用各种教育资源,采取多种富有实效的教育方式、方法,深入开展发展性心理健康教育,普及心理保健知识,有效开发心理潜能,提高心理调适与承受能力。

(二)外部灌输和自觉意识相结合

职业性格培养从社会学的角度来看,外部灌输就是社会教化的过程,人的自觉性过程是个体内化的过程。只有外部灌输,而不注重于社会个体内在化了多少人格要素和思想观念,职业性格培养就是一句空话。中国传统教育十分重视从小培养人的自觉性,并主张通过修养建立自觉意识,这是值得我们今天借鉴的有效方法。

(三)人格教育与专业教育相结合

必须将职业人格教育与专业教育融为一体,互相渗透把职业人格教育渗透到各个专业课程之中。如:在会计学中进行不作假账教育;在营销学中进行以质量求生存、以服务做保证等教育。

(四)营造氛围与校园文化相结合

建设积极向上的校园文化,努力帮助学生解决学习和生活中的实际问题,创造有助于培养健康人格、避免心理问题与心理疾病产生的外部环境。在开展心理健康教育的同时,要调动学生参与心理健康教育的主动性和积极性,充分发挥学生在心理健康教育中的主体作用,尤其要注重发挥学生之间互动互助的积极作用。

(五)健康辅导与危机干预相结合

帮助学生学会用科学的态度对待心理问题。对部分有心理问题的学生,心理咨询与辅导教师要通过多种渠道和方式,如卡片咨询、面谈咨询、电话咨询、信件咨询和网络咨询等方式,提供心理咨询与辅导,化解学生的心理困扰。要注意发挥学生心理社团和朋辈之间相互帮助的积极作用,开展团体辅导咨询。

培养良好的职业性格对提高自身综合素质有着重要作用,对把握就业机遇,扬长避短,发挥学生的优势很有益处。因此,现代职业教育在培养学生的文化素质、专业技能和技巧的同时,更应着眼于培养学生具备相应的职业人格,使受教育者成为社会职业所需的具有健全职业人格的应用型人才。使学生不论面对如何复杂的社会环境和就业困难,都能表现出较强的心理承受能力,积极稳健的处世态度,良好的职业道德水平,强烈的职业竞争创造意识。职业人格教育是一个健康的职业心理教育、坚定的职业意识教育和良好的职业道德教育的有机结合过程。

三、培养策略

一个人应当具有社会责任感和义务感,关心社会、热心服务、诚实守信、团结协作、公平正义、认真勤奋、坚毅自信是商品经济社会要求每一个从业人员必须具备的基本的性格特征。

(一)培养创新意识与精神

创新意识是人的一种勇于并善于发现问题,同时积极探索寻找解决问题的方法,以求不断改变环境和不断改变自己的心理取向。它既是良好智能品质之一,更是一种重要的人格特征和精神状态。一个人之所以能有别于他人并具有独特的价值,最重要的就在于个体的独立性和创造性。

学习有利于成才,学习是成才的阶梯。知识经济时代科学技术的飞速发展,要求每一个劳动者及时更新知识和技能,勇于打破传统的桎梏,勇于突破和改革已有的模式,成为职业岗位的改革者与创造者。学校是个综合课堂,特别是职业学校能学到的不仅是理论知识,同时还有基本的实践技能。学生成才是以知识、能力及素质为共同体的有机统一。

(二)培养适应与抗挫能力

学校教育是基础教育、通才教育,走上工作岗位以后,有些知识用不上,有些知识不够用,的要从头学起。这就要求刚走上社会的毕业生,根据工作的

69

需要去调整自己的知识结构、能力结构以及行为方式,尽快地培养自己适应社会的应变能力。成功者就是适应者,显现出的行为特点有:

1. 尽快适应

适应的基本问题是心理适应,心理适应的前提是对自我与环境的认知。能够敏锐地察觉到自身的需要和外部环境出现的新变化,并充分预期到可能获得的成功和将要承担的风险,从而审时度势,为主动积极地适应做好充分准备。对自我和环境的正确认知,是优秀人才抓住发展机遇,获得事业成功的基本条件。

2. 积极应对

积极应对是成功者的智能,它着眼于问题的解决取向,当个体面临挫折、冲突时,善于从失败中吸取教训,能冷静分析问题更好地认识它,努力寻找克服困难的办法;同时主动运用心理调节机制,摆脱由于环境不适应带来的孤独、失望、烦恼、恐惧和空虚。

3. 自觉反思

无论是适应现有环境还是新环境,都要对自己的思维和行为不断进行反思。只有不断反思,才能恰如其分地看待自己的长处、价值,坦然承认自己的短处和缺陷,并能扬长避短或扬长补短,使自己保持健康积极的自我适应状态。反思贵在自觉,不断地自觉反思是优秀人才在成长、发展过程中不迷路、少走弯路和避免走歧路的重要保证。反思也体现了人的自主意识、健康心理和耐挫能力。

(三)培养自信,完善自我

天生我才必有用,教师应该始终将增强学生的自信心,作为自己进行教育的首项任务。自信心是一种反映个体对自己是否有能力完成某项活动的信任程度的心理特征,是个体实现预期目的的重要保证。在创造活动中,自信心更是个体克服失败获得成功的内在动因。自信心又是应对措施与价值取向的内在依据。要培养自信心,要经常进行自我评价。

1. 自我评价原则

(1)适度性:自我评价应该适度。过高的评价往往使自己脱离实际,意识不到自己的条件限制;过低的自我评价,又会忽视自己的长处,缺乏自信。

(2)全面性:既要看到自己的优点和长处,又要看到自己的缺点和不足。

(3)客观性:要以客观事实为依据,使自我评价符合真实。

(4)发展性:应当着眼于未来的发展,预见到自己未来的潜力和前景。

2.完善自我意识

根据自己的性格特征,选择自己的职业。明确自己喜欢什么,热爱什么?因为只有自己喜欢做的事情,才能做到全身心地投入,不会的可以学会,不懂的可以弄懂,只要持之以恒,没有做不好的事情。但是,切忌好高骛远,不切实际。充分客观地分析自身的条件,选择真正适合自己发展的道路。要为自己从事理想的职业和岗位充足电。也就是说,你的知识和技能,需要达到职业岗位的要求。

(四)培养人际交往能力

人际交往能力是指以社会认可的方式妥善处理人际间的关系,与他人和谐共处共同发展的能力。生活工作中需要与许多人交往,难免会产生矛盾,要以我们民族善良诚实的传统美德来善待他人,将心换心,以诚相待。学会尊重他人,也会得到他人的尊重,只有善于处理好人际关系,才能在工作中充分施展自己的才能。

(五)培养创业与敬业精神

人的一生都是艰苦奋斗的过程。求职者必须要有面向基层、艰苦创业的思想准备。基层工作可能比较艰苦,工作生活条件和环境相对较差,但由于缺乏人才,急需毕业生去开拓、去创业,因而大有用武之地。宝剑锋从磨砺出,梅花香自苦寒来。只要真正深入到基层当中,扎扎实实地工作,肯定会大有收获。

敬业精神是一个人对所从事职业的投入与热爱,包括工作态度、工作作风、工作方法等。其中对社会负责、对人民负责、保证工作质量、对技术精益求精、能公平竞争是非常重要的内容。目前,用人单位除了非常重视能力外,已越来越看重一个人的敬业精神。如果没有良好的敬业精神,即使有较高的才华,也会落选乃至被淘汰。

【职业气质测评】

回答下列问题,如果所描述的与你平时的表现完全符合,计 3 分;不太确定的,计 2 分;大部分不符合的,计 1 分;完全不符合的,计 0 分;完成后每组分别累加。

A 组

1.对人、对事注重感情,情绪高涨时,工作效率高,干劲大;情绪低落时,萎靡不振,无精打采。

2.喜欢新颖的活动,喜欢场面壮观,气氛热情的活动,其间能保持旺盛的精神状态。

3.做事匆匆忙忙,完成任务比别人快,办事干脆利落,不拖泥带水。

4.讲究效率,干事喜欢一气呵成,对有兴趣的事情,可以废寝忘食,夜以继日地去做。

5.理解力强,但不求甚解,喜欢边思考边动手。

6.声音洪亮,善于争辩。

7.行为急躁,容易激动,因情急而中伤了别人,自己还不曾察觉。

8.喜欢表现自己,自我感觉良好,希望占上风争上游,不甘示弱。

9.走路、讲话的手势上摆幅度大,表情丰富,动作夸张。

10.宁肯一个人干事,也不愿很多人在一起。

11.和人争吵时总是先发制人,喜欢挑衅。

12.做事总是有旺盛的精力。

13.情绪高昂时,觉得干什么都有兴趣,情绪低落时,又觉得干什么都没意思。

14.宁愿侃侃而谈,不愿窃窃私语。

15.认准一个目标就希望尽快实现,不达目的,誓不罢休。

16.做事有些莽撞,常常不考虑后果。

17.喜欢参加各种文娱活动,特别是运动量大的剧烈体育活动。

18.爱看情节起伏跌宕,激动人心的小说。

19.别人说自己出语伤人,可自己并不觉得这样。

20.兴奋的事常使自己失眠。

B组

1.感情丰富,喜怒于色,稍不如意就会暴跳如雷,或大声痛哭,但稍感宽慰又会破涕为笑。

2.做事时,开头劲头很大,但表现散漫,有始无终。

3.喜欢直观、形象地思考,而对抽象的分析、概括感到枯燥无味。

4.注意力很不集中,容易见异思迁。

5.自我评价的好坏,多受别人态度的影响,注意别人对自己的评价,也好评论别人。

6.善于交际,对朋友重感情,讲义气,但友谊不巩固,缺少知心、稳定的朋友。

7.活泼敏捷、举止轻盈,但不老成稳重。

8. 到一个新环境很快就能适应。

9. 兴趣广泛而不稳定,钻研精神不足。

10. 善于同别人交往。

11. 在人群中从来不觉得过分拘束。

12. 理解问题总是比别人快。

13. 符合兴趣的事情,干起来劲头十足,否则就不想干。

14. 讨厌做需要耐心、细心的工作。

15. 工作、学习时间长了,常常感到厌倦。

16. 疲倦时只要短暂的休息就能精神抖擞,重新投入工作。

17. 能够很快忘却那些不愉快的事情。

18. 能够同时注意几件事。

19. 希望做变化大,花样多的工作。

20. 反应敏捷,头脑机智。

C 组

1. 面部表情不丰富,举止幅度也不大。

2. 不喜欢引人注目,也不易激动,行为一贯平静。

3. 能长时间地从事一项工作,长时间地保持一种姿势。

4. 自制力较强,能尊重社会上的各种制度规范,在工厂、学校是遵守纪律的人。

5. 理解问题比别人慢,但能认真听讲,并希望多听几遍。

6. 工作认真,有始有终,工作进程有条不紊,工作安排井井有条,不做没把握的事,容易被人信任。

7. 兴趣集中,有毅力,不受环境干扰,注意力集中,不容易分散。

8. 对工作环境的要求高,喜欢安静的工作环境,渴望平静地工作。

9. 平时沉默寡言,说话声调不高,慢条斯理。

10. 做事力求稳当,不做无把握的事。

11. 生活有规律,很少违反作息制度。

12. 遇到令人气愤的事能很好地自我克制。

13. 当注意力集中于一事物时,别的事情很难使自己分心。

14. 能够长时间做枯燥单调的工作。

15. 与人交往不卑不亢。

16. 不喜欢长时间谈论一个问题,愿意实际动手干。

17. 理解问题常比别人慢些。

18. 不能很快地把注意力从一件事移到另一件事上去。

19. 认为墨守成规比冒风险强些。

20. 对工作抱认真严谨、始终如一的态度。

D 组

1. 内心体验深刻,情感发生缓慢但持久,动作缓慢,具有悲观消极的体验与态度。

2. 情绪暗淡,表情总是平淡中带有哀愁。

3. 不合群,喜欢独来独往,善于独自深思。

4. 感情脆弱,常为一点小事而愁眉苦脸,怕与生人打交道。

5. 对别人的态度体验深刻,喜欢算计,耿耿于怀。

6. 对新知识,新观念接受较慢,但接受之后,很难忘记,对过去的事比别人记得清楚。

7. 精力充沛,但容易疲倦。

8. 有惊人的观察力,别人注意不到的细小变化,你都能了如指掌。

9. 不善于交往,不喜欢吵闹、繁杂的环境,但友谊感很强,有知心朋友。

10. 遇到可气的事就怒不可遏,想把心里话全说出来才痛快。

11. 厌恶强烈的刺激,如尖叫等。

12. 碰到陌生人觉得很拘束。

13. 遇到问题常举棋不定,优柔寡断。

14. 碰到危险情景,有极度的恐惧感和紧张感。

15. 一点小事就能引起情绪波动。

16. 常看感情细腻、描写人物内心活动的作品。

17. 心里有话愿意自己思考,不愿说出来。

18. 学习、工作同样一段时间后,常比别人更疲倦。

19. 做作业或完成一件工作总比别人花的时间多。

20. 喜欢复习学习过的知识,重复做已经掌握的工作。

职业气质量表简析:

气质量表(表3.1):A组为胆汁质气质,B组为多血质气质,C组为黏液质气质,D组为抑郁质气质。按照提示的记分方法,得分高者,具备下面相应气质特点,如果一组得分为40分,便是该组的典型气质,各类气质与职业关联如下:

表 3.1　气质量表

类型	特点	适合职业
胆汁质	情绪兴奋性高,发生很快,带有爆发的性质,如暴风骤雨;情绪体验强烈,外部表现明显,但爆发之后又很快平静下来;感情与动作迅速,直爽、热情,精力充沛,脾气暴躁,但不灵活。	导游员、推销员、节目主持人、新闻记者、外事接待员、监督员、演员、消防员、采购员等。
多血质	热情、开朗,无忧无虑,活泼好动,对外界事物感受迅速,强烈但不深入,不能持久,兴趣广泛但注意力分散,感情易变化。	管理工作、服务工作、驾驶员、律师、运动员、记者、外交人员、警察、侦探,政治辅导员。
黏液质	情绪不易激动,内向冷漠,动作稳妥,不善交往但善于忍耐,注意稳定,有较强的自制力;感情不易外露,深沉含蓄,不大容易发脾气,对人平和,动作缓慢,但具有坚韧精神。	医生、法官、管理人员、会计、出纳员、播音员、秘书、办公室职员、翻译员、档案管理员、统计员、打字员、纺织工、印刷工、机床工等。
抑郁质	情绪兴奋性高,敏感,体验深刻,各种心理活动的外部表现都是缓慢而柔弱的。	化验员、实验工作者、自然科学研究者、保管员、机要秘书等。

【职业性格类型测评】

一、用"霍兰德职业性格类型测试"对自己进行自测,为自己今后的职业选择提供参考依据。

这份测验分为 R、I、A、S、E、C 六部分,每部分为 8 道题。请根据自己的实际情况作出回答。符合的,则把该问题后面的"是"圈起来;难以回答,则把"?"圈起来;不符合的,则把"否"圈起来。

测验题目

R:

1.你曾经将钢笔全部拆散加以清洗并独立地将它装配起来吗?

是　　　?　　　否

2.你会用积木摆出许多造型吗?或小时侯常拼七巧板吗?

是　　　?　　　否

3.你在中学里喜欢做实验吗？　　　　　　　　　　　是　　?　　否

4.你喜欢尝试一些木工、电工、金工、钳工、修表、印照片等其中的一件或几件事吗？或你对织毛线、绣花、剪纸、裁剪等很感兴趣吗？　　是　　?　　否

5.当你家里有东西需要小修小补时(诸如窗子关不严了、门被锁上而忘带钥匙了、凳子坏了、衣服不合身了等)，常常是由你做的吗？　　是　　?　　否

6.你常常偷偷地去摸弄不让你摸弄的机器或机械(诸如打字机、摩托车、电梯、机床等)吗？　　　　　　　　　　　　　　　　是　　?　　否

7.你觉得身边有一把镊子钳或老虎钳等,就会有许多便利吗？

　　　　　　　　　　　　　　　　　　　　　　　　　是　　?　　否

8.看到老师傅在做活,你能很快地、准确地模仿吗？　　是　　?　　否

I:

1.你对电视或单位里的智力竞赛很有兴趣吗？　　　　是　　?　　否

2.你经常到新华书店或图书馆翻阅图书(文艺小说除外)吗？

　　　　　　　　　　　　　　　　　　　　　　　　　是　　?　　否

3.你常常会主动地去做一些有趣的习题吗？　　　　　是　　?　　否

4.你总想要知道一件新产品或新事物的构造或工作原理吗？

　　　　　　　　　　　　　　　　　　　　　　　　　是　　?　　否

5.当同学或同事不会做某一道习题来请教你时,你能给他讲清楚吗？

　　　　　　　　　　　　　　　　　　　　　　　　　是　　?　　否

6.你常常会对一件想知道但又无法详细知道的事物想象它是什么或将来怎么变化？　　　　　　　　　　　　　　　　　是　　?　　否

7.看到别人在为一个有趣的难题讨论不休时,你会加入进去吗？或者即使不加入进去,你也会一个人思考很久,直到你觉得解决了为止吗？

　　　　　　　　　　　　　　　　　　　　　　　　　是　　?　　否

8.看推理小说或电影时,你常常试图在结果出来以前分析出谁是罪犯,并且这种分析时常和小说或电影的结果相吻合吗？　　是　　?　　否

A:

1.你对戏剧、电影、文艺小说、音乐、美术等其中的一两个方面较感兴趣吗？

　　　　　　　　　　　　　　　　　　　　　　　　　是　　?　　否

2.你常常喜欢对文艺界的明星评头论足吗？　　　　　是　　?　　否

3.你曾参加过文艺演出或写过诗歌、短文被墙报或报刊采用,或参加过业余绘画训练吗？　　　　　　　　　　　　　　　是　　?　　否

4.你喜欢把自己的住房布置得优雅一些而不喜欢过分豪华而拥挤吗？

是　？　否

5.你觉得你能准确地评价别人的服装、外貌以及家具摆设等的美感如何吗？

是　？　否

6.你认为一个人的仪表美主要是为了表现一个人对美的追求,而不是为了得到别人的赞扬或羡慕吗？

是　？　否

7.你觉得工作之余坐下来听听音乐、看看画册或欣赏戏剧等,是你最大的乐趣吗？

是　？　否

8.遇到有美术展览会、歌星演唱会等活动,常常有朋友来邀请你一起去吗？

是　？　否

S:

1.你常常主动给朋友写信或打电话吗？　　　　　　是　？　否

2.你能列出五个你自认为够朋友的人吗？　　　　　是　？　否

3.你很愿意参加学校、单位或社会团体组织的各种活动吗？

是　？　否

4.你看到不相识的人遇到困难时,能主动去帮助他,或向他表示你同情与安慰的心情吗？

是　？　否

5.你喜欢去新场所活动并结交新朋友吗？　　　　　是　？　否

6.对一些令人讨厌的人,你常常会有某种理由原谅他、同情他甚至帮助他吗？

是　？　否

7.有些活动,虽然没有报酬,但你觉得这些活动对社会有好处,就积极参加吗？

是　？　否

8.你很注意你的仪容风度,主要是为了让人产生良好的印象吗？

是　？　否

E:

1.你觉得通过买卖赚钱,或通过存银行生利息很有意思吗？

是　？　否

2.你常常能发现别人组织的活动的某些不足,并提出建议请他们改进吗？

是　？　否

3.你相信如果让你去从事个体经营,一定会赚到很多钱吗？

是　？　否

4.你在上学时曾经担任过某些职务(诸如班干部、课代表、卫生员等)并且认为干得不错吗？

是　？　否

5.你有信心去说服别人接受你的观点吗？ 　　　　　　　是　　？　　否

6.你的心算能力较强,不对一大堆的数字感到头疼吗？ 　是　　？　　否

7.做一件事情时,你常常事先仔细考虑它的利弊得失吗？ 是　　？　　否

8.在别人跟你算账或讲一套理由时,你常常能换一个角度考虑,而发现其中的漏洞吗？ 　　　　　　　　　　　　　　　　是　　？　　否

C:

1.你能够用上一两个小时抄写一份你不感兴趣的材料吗？

　　　　　　　　　　　　　　　　　　　是　　？　　否

2.你能按领导或老师的要求尽自己的能力做好每一件事吗？

　　　　　　　　　　　　　　　　　　　是　　？　　否

3.无论填写什么表格,你都非常认真吗？ 　　　是　　？　　否

4.在讨论会上,如果已经有不少人讲的观点与你的不同,你就不表达自己的观点了吗？ 　　　　　　　　　　　　　　是　　？　　否

5.你常常觉得在你周围有不少人比你更有才能吗？ 是　　？　　否

6.你喜欢重复别人已经做过的事情而不喜欢做那些自己动脑筋摸索着干的事吗？ 　　　　　　　　　　　　　　　是　　？　　否

7.你喜欢做那些已经很习惯了的工作,同时最好这种工作责任小一些,工作时还能聊聊天、听听歌曲等吗？ 　　　　　　　是　　？　　否

8.你觉得将非常琐碎的事情整理好,或由于你的工作,使有些事情能日复一日地运转,很有意义吗？ 　　　　　　　是　　？　　否

二、评分方法与结果分析

测验分 R、I、A、S、E、C 六个部分,分别统计分数。每圈 1 个"是"得 1 分,每圈 1 个"?"得 0 分,每圈 1 个"否"得 -1 分。

R 代表"现实型",I 代表"研究型",A 代表"艺术型",S 代表"社会型",E 代表"企业型",C 代表"常规型"。

分项将你所得的分数相加,如果你在某一部分得分最高,说明你属于该种类型的人。

第四章　职业兴趣

在选择职业或岗位时,必须了解自己的兴趣。不仅要问"我能为我的工作做点什么?",更要问"工作能给我带来什么?"。做一份能胜任,同时你又喜欢的工作,这才是人生真正的乐事。

第一节　兴趣的内涵

一、兴趣的概念

兴趣是个体积极探究某种事物的心理倾向,是个体以特定的事物、活动及人为对象,所产生的积极的和带有倾向性、选择性的态度和情绪。

兴趣使人对感兴趣的事物给予优先的注意,积极探索,这时的学习活动效率非常高,并且带有情绪色彩和向往的心情。每个人都会对他感兴趣的事物给予优先注意和积极地探索,并表现出心驰神往。例如,对美术感兴趣的人,对各种油画、美展、摄影都会认真观赏、评点,对好的作品进行收藏、模仿;对钱币感兴趣的人,会想尽办法对古今中外的各种钱币进行收集、珍藏、研究。

兴趣不只是对事物表面的关心,当一个人从事自己喜欢的工作时,可以为它披星戴月,废寝忘食,并乐在其中。例如,一个人对跳舞感兴趣,他就会主动地、积极寻找机会参加,而且在跳舞时感到愉悦、放松和乐趣,表现出积极而自觉自愿。

(二)兴趣的形成与发展

兴趣是以需要为前提和基础的,人们需要什么也就会对什么产生兴趣。人的生理需要或物质需要一般来说是暂时的,容易满足,产生暂时性兴趣。例如,人对某一种食物、衣服感兴趣,吃饱了、穿上了也就满足了。而人的社会需要或精神需要却是持久的、稳定的、不断增长的,产生稳定性兴趣。例如人际交往、对文学和艺术的兴趣、对社会生活的参与则是长期的、终生的,并且不断追求

81

的。兴趣是在需要的基础上产生的,也在需要的基础上发展的。

兴趣不只是和个人以及个人情感密切联系的。如果一个人对某项事物没有认识,也就不会产生情感,因而也就不会对它发生兴趣。相反,认识越深刻,情感越丰富,兴趣也就越深厚。例如:集邮,有的人对邮票很入迷,认为邮票既有收藏价值,又有观赏价值,它既能丰富知识,又能陶冶情操,而且收藏的越多,越丰富,就越投入,越情感专注,越有兴趣,于是就会发展成为一种爱好;同时,兴趣还受一定的好奇心的驱使,当人对一个未知的事物产生了浓厚的好奇心后,也会产生兴趣。例如:探险和一些业余的考古发掘,是出于对历史事件真实性的研究,促使人们产生兴趣。兴趣是爱好的前提,爱好是兴趣的发展和行动力,爱好不仅是对事物优先注意和向往的心情,而且表现为某种实际行动。例如,对绘画感兴趣,而且由喜欢观赏发展到自己动手学绘画,那么就对绘画有了爱好。

(三)影响兴趣的因素

1. 制约性

兴趣和爱好是受社会性制约的,不同的环境、不同的阶级、不同的职业、不同文化层次的人,兴趣和爱好都不一样。有的人兴趣和爱好的品位比较高,有的人的兴趣和爱好的品位比较低,兴趣和爱好品位的高低会直接影响和表现一个人的个性特征的优劣。例如,对公益活动感兴趣,乐于助人,对高雅的音乐、美术有兴趣和爱好,反映了一个人个性品质的高雅;反之,对占小便宜感兴趣,对低级、庸俗的文艺作品有兴趣和爱好,则表现了一个人个性的低级。

2. 遗传性

兴趣和爱好有时受遗传的影响,父母的兴趣和爱好会对孩子有直接的影响,做父母的积极培养和引导孩子养成好的兴趣和爱好至关重要。父母的表现直接影响着孩子的表现,在孩子的眼里,父母就是他们的榜样。

3. 时代性

时代的变化会对兴趣产生直接影响。就年龄方面来说,少儿时期往往对图画、歌舞感兴趣,青年时期对文学、艺术感兴趣,成年时往往对某种职业、某种工作感兴趣。它反映了一个人随着年龄的增长、知识的积累,兴趣的中心在转移。就时代来讲,不同的时代、不同的物质和文化条件,也会对人的兴趣的变化产生很大的影响。周围人对自身的兴趣有着难以磨灭的影响,周围的风气会影响自身审美情趣,从而潜移默化地影响自身兴趣。

4. 个体性

个人兴趣体现着一个人的性格特点,不同性格的人,会有着不同的兴趣。

每个人都会对其感兴趣的事物给予优先注意和积极地探索,并表现出心驰神往。例如:对美术感兴趣的人,会对各种油画、美展、摄影都认真观赏、评点,对好的作品进行收藏、模仿;对钱币感兴趣的人,会想尽办法对古今中外的各种钱币进行收集、珍藏以及研究;对音乐感兴趣,会感到音乐的美,感到音乐也有灵魂,以及对各种乐器的喜爱。对轮滑感兴趣,喜欢玩多种花样,并享受其中的乐趣。

(四)兴趣的分类

不管人的兴趣是什么,都是以需要为前提和基础的,由于人们的需要包括生理需要和社会需要或物质需要和精神需要,因此人的兴趣也同样表现在这两个方面。人的兴趣是多种多样的,但概括起来又可以分为两大类:

1. 物质兴趣和精神兴趣

根据需要的层次不同,可以将因需要产生的兴趣分为物质兴趣和精神兴趣。物质兴趣主要指人们对舒适的物质生活,如衣、食、住、行方面的兴趣和追求;精神兴趣主要指人们对精神生活,如学习、研究、文学艺术、知识的兴趣和追求。就青年学生来说,由于人生观和世界观尚未完全形成,无论物质兴趣和精神兴趣都需要师长进行积极的引导,以防止在物质兴趣方面的畸形发展,在精神兴趣方面的消极发展和追求。

2. 直接兴趣和间接兴趣

根据兴趣产生的方式,可以将兴趣分为直接兴趣和间接兴趣。直接兴趣是人对事物本身或活动过程本身感兴趣。例如:有的人想象力丰富,富于创造性,喜欢制作各种模型,在制作过程中,全神贯注,表现出浓厚的兴趣;间接兴趣主要指对活动过程所产生的结果的兴趣。例如:有的人业余喜欢绘画,每当完成一幅画,他都会对自己取得的成果表现出极大兴趣。直接兴趣的作用时间短暂,而间接兴趣的作用比较持久。直接兴趣和间接兴趣是相互联系、相互促进的,如果没有直接兴趣,制作各种模型的过程就很乏味、枯燥;而没有间接兴趣的支持,也就没有目标,过程就很难持久下去,因此,只有把直接兴趣和间接兴趣有机地结合起来,才能充分发挥一个人的积极性和创造性,才能持之以恒,目标明确,取得成功。

(五)兴趣的特性

1. 兴趣的倾向性

兴趣的倾向性是指个体对什么感兴趣。人与人,由于年龄、环境、阶级属性不一样,兴趣的指向也不同。就中学生来说,有人喜欢将来学文科,有的人喜欢将来学理科,他们的兴趣倾向就不一样。

2.兴趣的广阔性

兴趣的广阔性主要指兴趣的范围。兴趣的范围因人而异,有的人兴趣广泛,有的人兴趣狭窄。一般来说,兴趣广泛的人知识面也就宽广,在事业上会更有作为。但也要防止兴趣太广,什么都喜欢,而什么都不深入、不专注,结果也会一事无成。

3.兴趣的持久性

兴趣的持久性主要指兴趣的稳定程度。兴趣的稳定性,对一个人的学习、工作很重要,只有稳定的兴趣,才能促使人系统地学习某一门知识,把某一项工作坚持到底,并取得成就。就当代青年学生来说,兴趣的倾向性、广阔性和稳定性显得很重要,它将直接关系到一个人的未来方向和能否取得成就。

第二节 职业兴趣的内涵

一、职业兴趣的概念

职业兴趣是一个人探究某种职业或者从事某种职业活动所表现出来的特殊个性倾向,它使个人对某种职业给予优先的注意,并具有向往的情感。当人们兴趣的对象指向某一职业时,就形成了职业兴趣。

(一)职业兴趣的产生

职业兴趣的产生与发展一般要经过三个过程或阶段:即有趣、乐趣、志趣,或探究、爱好、定型三个阶段。

1.有趣

有趣是由新颖的刺激或奇异的现象引起的,具有短暂性、盲目性和易变性等特点,容易被新的兴趣所代替。此时也为探究阶段,探究阶段是产生认识倾向的阶段。例如,中国足球队世界杯预选赛出线之后,对某足球明星产生倾慕感,油然而生成为足球运动员的兴趣;过几天听一场学术报告,又想成为一名出色的科学家等等。总之,这个时期的兴趣比较分散、易变,初中、高中的学生多具备这种兴趣特点。

2.乐趣

乐趣是在有趣定向发展的基础上产生的,乐趣又叫爱好,具有自发性和坚持性的特点,使人的职业兴趣向专一的方向深入,探讨职业的内在联系。此时也为爱好阶段,爱好阶段与前一阶段最大的区别在于,要亲身参与有关职业的实践活动。例如,高等职业院校的学生参加学校安排的现场实习教学活动,通过实际操作或者模拟扮演某职业角色,对该职业有深入的认识,这时的兴趣已向某一方向发展。

3.志趣

志趣是乐趣与奋斗目标的结合,具有社会性、自主性、方向性等特点,产生意志力量。此时也为定型阶段,定型阶段的职业兴趣已经明确化,能将个人的兴趣、爱好与能力水平、社会的职业需求结合起来。例如,不少同学经过劳动实践,能看到自己的劳动创造为社会带来的效益,从而产生稳定的职业自豪感,决定献身这一职业。

职业兴趣不但在需要的基础上产生,而且在需要的基础上发展。原来的需要满足了,又产生新的需要,新的需要引起新的兴趣。人的需要是多方面无止境的,但在每个阶段有重点需要,形成中心兴趣,对择业意向有很大的作用力。每个人的重点需要不同,产生兴趣差异,因而对职业有不同的选择。

(二)职业兴趣的作用

职业兴趣在职业活动中具有十分重要的作用。了解自己的职业兴趣,培养自己的职业兴趣将会影响到以后自己对工作投入的多少和能否取得成功。虽然人们有着共同的兴趣,但人们的兴趣又是千差万别的,如有的人对学习和研究自然知识感兴趣;有的人则对学习和研究社会知识感兴趣;有的人对研究工作感兴趣;有的人则对操作技能感兴趣等等。正是这些兴趣上的差异,成为人们选择职业的重要的依据之一。

职业兴趣对职业活动有着重要影响作用,主要表现:

1.影响职业选择

职业兴趣影响人们的职业选择。人们在选择职业的过程中,会考虑自己对某种工作是否感兴趣,将兴趣作为职业选择的参考之一。一般来说,志趣一旦形成,就能使人坚定地追求某种职业,并为之献身。在现实生活中,人们固然可以凭自己的兴趣寻找自己喜欢的职业,但也可能由于自己的兴趣有限或种种主客观因素,以至于所选的职业未能如愿。如果遇到这种情况,那也可以通过多种途径和方法,努力去发展和培养对所学专业的兴趣,形成学好专业的内在动力。

2.影响才能发挥

职业兴趣是引起和维持注意力的内部因素。当对某一工作有兴趣时,枯燥的工作也会变得丰富多彩、乐趣无穷;兴趣使认识过程和活动过程不再是一种负担,而是一种享受;兴趣可以调动身心的全部精力,使人以敏锐的观察力、高

85

度集中的注意力、深刻的思维和丰富的想象投入工作,从而有助于工作效率的提高和能力的发挥。一个人对于某一事物具有较为浓厚的兴趣,就会激发他对寻求该事物相关知识的欲望及探索热情,并促使他调动全身心的积极性,以饱满的情绪投入到学习和工作之中。这时,他的智力和体力都能进入最佳状态,从而最大限度地调动主观能动性和创造性,发挥自身潜能,施展才华,并在此基础上促进个人乃至社会的进步和发展。有关研究资料表明,如果一个人对某一工作有兴趣,就能发挥他全部才能的 $80\% \sim 90\%$,并且长时间保持高效率不感到疲劳;相反,若从事自己无兴趣的工作,就会缺乏热情和主动性,即使有高薪与高位,也并不快乐,只能发挥全部才能的 $20\% \sim 30\%$,且容易疲倦。

3.影响事业成功

职业兴趣对未来的职业劳动起奠基作用,对正在进行的职业劳动起推动作用,对创造性劳动态度的形成起促进作用。古今中外著名的科学家、文学家、艺术家等,许多是在强烈的兴趣驱动下取得成功的。美国曾对 2000 多名科学家进行过调查,发现很少有人是为了谋生而工作的,他们大多是出于对某领域的问题有强烈的兴趣,他们的成功与他们的兴趣是分不开的。兴趣是成功的重要推动力,它能将人的潜能最大限度地调动起来,使其专注于某一方向,做出艰苦的努力,取得显著的成绩。很难想象,一个对自己所从事的职业异常厌倦的人会在职业岗位上能做出什么成绩来。

(三)职业兴趣的分类

各种职业的工作性质、社会责任、工作内容、工作方式、服务对象和服务手段不同,因而,对从业者的兴趣存在不同的要求。在现实社会中,职业种类繁多,我们不可能在此将各种职业对从业者的职业兴趣要求一一列出,根据库德职业爱好调查表的分类,将职业兴趣分为 10 类:

1.户外型

大多数时间愿意在户外度过,愿与大自然打交道。喜欢从事地理、地质、动物、植物等方面工作。例如地质勘探人员、登山队员、森林管理者、考古人员、农业人员等。

2.机械型

愿意与工具、机器打交道,而不喜欢从事与人打交道的职业,并希望制作能看得见、摸得着的产品。相应的职业包括车钳工、修理工、裁缝、钟表工、建筑工、司机、农机手、制造工程师、技师等。

3.计算型

喜欢从事与数字计算和文字符号有关的、工作规律性较强的活动。例如,会计、银行工作人员、邮件分类员、图书管理员、统计员、程序设计员等。

4.科研型

喜欢去发现新的现象和解决问题,乐于从事分析推理或长于理论分析。类似的职业有化学家、工程师、侦察员、医生、数学家、生物学家、物理学家等。

5.说服型

善于与人会面、交谈、协调人际关系、组织管理,或者善于推销、宣传。相应的职业有营销人员、教师、行政管理人员、记者、作家、店员、演员、警察、节目主持人等。

6.艺术型

喜欢通过新颖的设计、颜色的匹配和材料的布局等引起别人感情上的共鸣。比如画家、雕塑家、建筑师、服装设计师、美容师和室内装修工等,均属"艺术性"的职业。

7.文学型

喜欢阅读和写作,或能做相应的讲授、编辑工作。这一类职业有文学家、历史学家、演员、新闻记者、编辑等。

8.音乐型

对音乐作品和从事演奏有特殊爱好。喜欢听音乐会、演奏乐器、歌唱,或者喜欢阅读有关音乐和音乐家、戏剧和戏剧家的书籍。有关职业有音乐家、歌唱家、表演艺术工作者、音乐戏剧评论家等。

9.服务型

这是乐于从事社会工作,为他人服务的一种爱好,主要指社会福利和帮助人的职业,为他人解除痛苦、克服困难。例如,医生、护士、职业指导者、家庭教师、人事工作者、社会福利救济工作者、宾馆和饭店服务人员、导游人员等。

10.文秘型

喜欢那种需要准确性、灵活性的办公室式的工作。此类职业如秘书、统计员、交通管理者、公关人员等。

第三节 职业兴趣的影响因素

人们的职业兴趣总是以社会的职业需要为基础的,并在一定的学习与教育条件下形成和发展起来的,是可以培养的。虽然人们的职业兴趣一经形成,具有一定的稳定性,但根据实际需要,可以通过多种途径和自身努力去改变和发展。

一、影响职业兴趣的因素

职业兴趣不是天生的,它的形成与人们所处的历史条件、实践活动和自身能力有着密切的关系,因此,有关职业兴趣的研究不能孤立进行,应当结合家庭的、社会的、自身的因素开展系统性的研究,那么影响职业兴趣的因素主要有哪些呢?

(一)家庭、学校、社会的影响

1. 家庭影响

家庭环境对儿童职业兴趣的影响具有特殊的意义。由于家庭作为最基本的社会单元,对每个人的心理发展都产生重要的影响,儿童在家庭中生活的时间最长,约占其全部生活时间的 2/3。因此,儿童首先会受到家庭职业环境的影响,家庭环境的熏陶对其职业兴趣的形成具有十分明显的导向作用。

家庭因素对职业取向的影响体现在择业的趋同性方面,一般情况下,求职者对于家庭成员特别是长辈的职业比较熟悉,在职业兴趣和职业选择上产生一定的趋同性影响。对子女施加职业影响最多的莫过于父母。首先,父母在教养子女的过程中,反映了社会文化的要求,他们根据社会规范、价值标准等来判断子女的行为,实际上是将自己早已内化了的社会文化灌输给子女。家庭中父母亲友所从事的职业和他们对职业的兴趣,会形成儿童对职业的最初认识,并可能由此培养起儿童对某些职业的兴趣。

家庭因素对职业取向的影响体现在择业的协商性方面,同时受家庭群体职业活动的影响,个人的择业决策或多或少产生于家庭成员共同协商的基础上。父母的职业观念和行为作为子女学习的榜样,对子女职业兴趣的形成起到了潜移默化的作用。大多数人从幼年起就在家庭的环境中感受其父母的职业活动,随着年龄的增长,逐步形成自己对职业价值的认识,使得求职者在选择职业时不可避免地带有家庭教育的印迹。

2. 学校影响

求职者自身接受教育的程度是影响其职业兴趣的重要因素。任何一种社会职业从客观上对从业人员都有知识与技能等方面的要求,而求职者本人的知识与技能水平的高低在很大程度上取决于其受教育程度。一般意义上,求职者学历层次越高,接受职业培训范围越广,其职业取向领域就越宽。

学校不同于家庭,学校教育是有目的、有计划、有组织的教育,它通过一定的步骤将社会规范、价值观及人类积累下来的知识和技能传授给学生,从而培养学生的职业兴趣。教师的作用尤为突出,教师在教学中,有目的地向学生介绍一些社会职业,能够增加学生对一些职业的认识,培养他们对一些职业的兴趣。

学校要帮助学生建立所学专业与未来可能从事职业之间的联系,并由此形成学生的职业兴趣。教师对学生未来职业的期待和对学生未来从业的要求,也会对学生形成职业兴趣产生积极的作用。因此,学校对学生的职业指导主要包括以下四个方面:

(1)帮助学生了解职业、了解社会职业状况。向学生介绍职业的分类,介绍所学专业对应的职业群情况及其与未来职业发展的关系。帮助学生了解职业对从业者的素质要求和收集职业资料。

(2)帮助学生了解自己的职业兴趣、职业性格、职业能力等心理特点和有关生理特点,理解兴趣是可以培养的,性格是可以调适的,能力是可以提高的。

(3)引导学生进行积极的人生探索。树立正确的职业观和择业观;帮助学生了解职业的内涵及其在人生中的重要意义,懂得学习与未来所要从事的职业之间的关系;同时更要教育学生正确对待社会分工和职业差异,树立正确的职业理想和职业期望,能够根据社会的需要和自身条件合理地选择就业的目标。

(4)帮助学生选择职业。帮助学生根据自己的身心特点、职业需求和职业兴趣正视自己的优点与不足,知道不但不同的职业群对从业者个性有不同的要求,而且一个职业群的不同职业对从业者的要求也有区别,引导学生扬长避短,现实地选择最合适自己特点的专业和职业;同时,也要指导学生掌握填报升学的志愿和求职择业的技巧。

3.社会影响

社会各种职业对人们的影响是多渠道、多方位、多角度的。随着人们与社会接触的不断深入,他们对社会职业的认识也会不断加深。高等职业学院的学生与社会的接触中已对职业有了一定的认识,并同时会对一些职业产生兴趣。社会还会提供人们对所喜欢职业的认识,使人们的职业兴趣进一步得到激发。

社会舆论对求职者职业兴趣的影响主要体现在政府政策导向、传统文化、社会时尚等方面。政府就业政策的宣传是主导的影响因素,传统的就业观念和就业模式也往往制约个人的职业选择,而社会时尚职业则始终是求职者特别是青年人追求的目标。如当前计算机技术和旅游事业都得到较大发展,对这两个职业有兴趣的人也增加得很快。在社会舆论中,大众传媒对青年人职业兴趣形成的作用尤为突出,如书籍、报刊、影视、网络等媒体向青年人实施的职业影响,有助于职业兴趣的形成。

(二)职业认知的影响

人们对职业的认知都会影响到他们的职业兴趣。当然,一个人在不同的职业阶段其职业认知能力、职业认知水平、职业认知的广度和深度有所不同,在同一个职业时期人们在以上几方面也存在差异,使他们对职业的兴趣也不同。一个人职业认知能力的发展与其对职业知识的掌握存在密切的关系,而一个人职业认知水平的高低又与其职业兴趣的形成关系密切。一个人对其所喜欢的职业认知越全面,他对该职业的兴趣就越大;一个人对其所喜欢的职业认知越深刻,他对该职业的兴趣就越强。同样,人们对某个职业的兴趣越大、越强,就会愈加全面和深刻地认知这一职业。所以,培养和形成对自己感兴趣的职业的认知,并通过职业认知去提高自己对一些职业的兴趣是十分重要的。

(三)专业学习和社会实践的影响

只有进入到学校专业的学习过程以及社会实践活动中,特别是专业见习或毕业实习以后,才体会到自己对所喜欢职业的兴趣得到了进一步深化。在现实生活中,有不少人接触某一职业前,并不喜欢这种职业,当通过亲身的职业实践真正了解这个职业以后,形成了浓厚的职业兴趣,才能在原来不感兴趣的岗位上一展才华。

二、职业兴趣影响职业选择

(一)职业选择的内涵

职业选择是劳动者依照自己的职业期望和兴趣,凭借自身能力挑选职业,使自身能力素质和职业需求特征相符合的过程。职业选择与职业期望有密切联系,职业选择是实现职业期望的基础。

1.职业选择的特点

(1)主导性

劳动者是职业选择主体,是择业行为能动的主导方面,各种职业则是被选择的客体。兴趣是主导职业选择的重要因素,因为一开始的时候,决定你的选择往往是薪水的高低,可是你慢慢就会发现,当你干自己不喜欢的工作的时候可能会倍感厌倦,这个时候,你只是一个简单的赚钱机器,虽然有高薪,但你并不快乐。

(2)制约性

尽管劳动者是择业主体,但不能随心所欲任意进行选择。一则受到劳动者不能也不可能有从事一切职业的能力与兴趣的限制;二则各项职业由于有各自的劳动对象、劳动手段,有不相同的劳动条件和作业环境,必须受到各种职业对劳动者能力有相应的特定要求的制约。

（3）过程性

职业选择是一个过程，一方面是劳动者作为主体自动择业的过程，同时又是职业选择劳动者的过程，它是劳动者与职业岗位互相选择和适应的过程。

2. 职业选择的原则

职业选择是指人们从对职业的评价、意向以及对就业所持的态度出发，根据自己的个性、兴趣和专长，从社会现有的职业中选择其一的过程。职业选择是一个双向的过程，它既包含求职者对职业岗位的选择，也包含职业岗位对求职者的选择，个体求职成功与否取决于双方的需求是否能够达成一致。因此，在职业选择过程中，也有一些一般的原则和规律需要遵循，否则，选择就会流于荒谬，理想只能成为空想。人生之旅只发行单程车票，一旦错过了车，很可能从此阴云密布，坎坎坷坷。相反，如果遵循职业选择的基本原则，运筹帷幄，也许从此道路坦荡，走向辉煌。那么，在职业选择过程中应该遵循哪些基本的原则呢？

（1）社会与个人共需原则

选择职业时，在满足社会需要的前提下，尽量满足个人的需要。要把社会需要放在第一位。社会需要是指社会生存和发展的需要，反映在具体岗位上就表现为社会职业需要。个人对职业的选择不可能脱离社会需要这个现实，我们无法选择那些社会不需要或目前不存在的职业。尤其是当个人需要与社会需要发生矛盾时，要善于寻找个人与社会的结合点。强调社会需要并不否认个人需要的满足。对个体而言，一切行动都是由需要引起的。作为一个独立的个体，谋取职业的第一动机非常简单，就是要满足自己的需要——生存的需要、发展的需要、享受的需要。事实上，职业对人而言，不仅是维持基本生命的手段，更是谋取人生幸福的重要途径。因此，选择职业时也应该考虑自我需要的满足。

（2）可行与发展相结合原则

选择职业时，既要考虑现实的可行性，确立适当的职业期望值；又要考虑到职业的发展前景，树立一种发展的择业观，能适时调整自己与环境的关系，使个人与社会处于一种和谐状态。一般情况下，人们在择业时不能实现自己的职业愿望，最直接的原因大致有：职业期望值过高；对就业缺乏全面了解；个人的择业素质不足。因此，要提高择业的可行性，就不能对职业有不切实际的期望值，择业目标不能太高；同时要广泛收集职业信息，全面了解就业环境，不断提高个人的职业素质，增强自己在人才市场中的竞争力，增大择业的可行性。

在选择职业时也应该考虑职业的适合性、对口性,考虑部门领导的管理风格和人事制度,考虑单位的实力和风气,考虑单位所提供的深造及提升的机会、前途等条件。总之,一种最适合自己的职业,一种能给自己提供广阔发展场所的职业,一种人际关系简单、人事管理宽松的职业应该是一种比较理想,趋于完美境地的职业。

(3)兴趣与特长兼顾原则

在选择职业时,应该考虑到自己的兴趣爱好和能力特长。在做自己有兴趣的事情时,个人能够投入极大的精力和智慧并发挥无限的积极性和创造性;当避开自己所不擅长的工作,从事能突出自己能力和优势的职业时,个人就可以最大限度地挖掘出自身的潜力,从而取得成功。遵循这一原则,对个人的发展和职业工作的发展具有双重促进作用。

(4)胜任与难度适宜原则

在选择职业时,应该考虑到:职业选择的使命不是求得一个名义上最炫耀的职业,而是选择一个难度相当、自己能胜任的工作。否则,即使拥有了这份职业,也不会有满足感。一个令自己满意的职业,不一定是人人都羡慕的职业,但却应该是最得心应手、最适合自己的职业。

不同的职业对人有不同的要求,因此个人的身体素质、个性特点、知识技能等应符合自己所要挑选的职业的要求,而不能盲目选择自己不足以胜任的职业。选择力所能及的工作,干起来会感到得心应手、心情舒畅,而且能充分发挥自己的积极性和创造性。而对于不能胜任的工作,干起来就会力不从心,容易疲劳,产生挫折感和压抑感,不仅效率低下,而且可能完不成任务,使工作单位得不到应有的效益。但是如果在择业的时候错误地低估了自己的能力,选择难度过低的职业,轻易完成任务,就会限制自己能力的发挥,时间长了往往就会失去工作的积极性和创造性,容易懈怠和丧失兴趣,甚至感到空虚和无聊,终日无所事事。

(二)职业兴趣是职业选择的重要因素

影响职业选择的因素很多,包括个人方面的主观因素和外在客观因素。如果了解和把握了这些因素,找出其中的规律并加以利用,就易于掌握职业选择的主动权,在求职竞争中获胜。

影响职业选择的主观因素有:年龄因素、身体因素、性别因素、教育文化因素、个性心理特征因素等。其中,心理特性和个性心理倾向性等心理因素对职业选择的影响,如:兴趣、爱好、特长、性格、气质、能力等,都是影响职业选择的重要因素。一个人的职业兴趣会直接影响着其职业的选择,相反,在职业选择时也不能忽视职业兴趣的作用和影响。

1. 选择自己感兴趣的职业

兴趣是最好的老师,是最初的动力。从事一项自己喜欢的工作,工作本身就是一种满足。兴趣和职业深深地结合,可以铸就一个人一生辉煌的职业生涯。比尔·盖茨的成功就是一个很好的例子。是什么造就了盖茨?显然,执著、坚毅的品格,非凡的天赋,父辈的鼎力相助,IBM公司的转让等,都是他成为巨人的原因,但最不可或缺的,却是他对电脑的兴趣和对职业的酷爱。他曾在1999年辞去微软总裁的记者招待会上说:"我将回到我最喜爱的领域——未来科技上,把我的时间完全奉献给我的最爱——建立杰出的软件和规划未来的策略。"执著不悔的热爱是推动盖茨的原动力,在一种与生俱来的兴趣引导下,盖茨一头扎进电脑的海洋,成为万众瞩目的英雄。电脑网络是盖茨的终生职业,它给这一世界经济巨人的一生带来了无穷的乐趣、无上的荣誉和无尽的财富。

2. 选择自己所擅长的职业

虽然就总体而言,人和人之间没多少根本性的差别。但是,应具体到个体而言,其个性特点,特别是工作的能力倾向等,还是存在着很大的差别。尺有所短,寸有所长。也许一个人兴趣广泛,掌握多种技能,但在短暂的一生中,却无法穷尽所有的专业和技能,其中总有长项和短项。有些人善于与人打交道,有些人则更善于管理机器物品。因此,在选择职业时,只有扬其长、避其短,选择最有利于发挥自己优势的职业,才可以最大限度地发挥潜力,有所成就。

马克·吐温的转变,就是一个很好遵循"择长原则"的例子。作为职业作家和演说家,马克·吐温却试图成为一名商人。他曾投资开发打字机,不仅一无所获,还赔掉5万美元。看见出版商因为发行他的书而赚了大钱,他心里很不服气,也想发这笔财,于是开办了一家出版公司。但马克·吐温很快陷入了困境,最终以破产告终,作家本人也陷入了债务危机。短暂的商务经历使他终于认清了自己毫无商业才能,遂绝了经商的念头,开始在全国巡回演说。风趣幽默、才思敏捷的马克·吐温完全没有了商场中的狼狈,重新找回了成功的感觉。

3. 选择自己能适应的职业

在进行职业选择时,首先要对自己所具有的知识能力、技能、个性等特点有充分了解,这可以通过参加职业兴趣测验及心理测量获得。同时要对自身条件作出客观评价,判断自己能否胜任某种职业,不能忽视自身条件而单纯地考虑个人需要。在对个人条件作出恰如其分的估计后,要在个人职业意向基础上,对岗位特点及需求进行全面了解。但是,要充分认识到,个人才能的发挥是与一定的历史条件和社会需要紧密相连的,社会需要是个人才能得以充分发挥的

93

前提条件和基础。选择职业不是自己单方面的自我设计,在很多情况下,某种职业,虽然你有胜任能力和职业兴趣,但由于对从业者需求量小,从而就业概率也小。遇到这种情况,就不能片面强调自己的条件和兴趣爱好。

职业选择过程中,要持积极主动的态度,充分了解自身条件、职业兴趣以及社会和符合自身意愿的工作岗位,努力竞争适应自身条件的职业岗位,不能错失良机。

4.选择自己所适合的职业

要把个人具备的条件与职业岗位要求进行比较,把那些与个人条件相接近的职业作为职业选择目标。也要把众多的与自身条件及意愿相一致或相近的职业岗位进行比较,选择与自身条件及意愿最为接近的职业岗位,作为自己理想的职业选择。选择职业目标不宜过分偏离自身条件,否则即使能在该职业岗位上就业,也会力不从心。作为青年人,应该服从国家需要,并主动到需要你的地方施展才能,把这些岗位作为自己的适合职业,在岗位上建功立业、实现自身价值。

第四节　职业兴趣的培养

职业准备阶段是职业适应初期阶段,在这一阶段,喜欢自己所学专业且专业适应能力强的学生,能够较快地进入专业角色,并通过专业兴趣的获得逐渐形成较为成熟的职业兴趣。相反,如果不全面深入地了解所学专业对应的职业群,不注意培养职业兴趣,不但难以珍惜在校生活,而且也不会在将来的职业生涯中顺利发展。

在职业兴趣的培养过程中,有家庭的潜移默化,有自己的耳濡目染,有教育的整体引导,也有社会实践活动的促进推动。

一、培养方式

(一)主动参与职业实践活动

职业兴趣只有在真正的社会实践活动中才会形成和巩固,关键在于亲自参与,从活动中获得亲身体验。针对一些学生没有认识到系统专业知识学习与未来职业需求的关系,就需要到与所学专业相关的企事业单位参观,到相关行业或企业与职工交流,了解所学专业的重要作用和岗位技能要求,帮助自己增加对即将从事的职业产生兴趣和热爱。

(二)注意培养间接兴趣

所谓间接兴趣指由活动的目的、结果引起的兴趣。例如,学习计算机文字输入方法很枯燥,但是,想到将来从事任何职业都需要具备计算机操作技能,就会产生间接兴趣,从而努力克服学习中的困难。

(三)客观评价和确定职业兴趣

应当客观地评价和确定自己的职业兴趣。既要考虑到自己想干什么,更要考虑到,与他人相比较,自己的能力更适合干什么。如果目前所学的专业是经过慎重选择和努力而获得的,自己就要珍惜它,通过努力学习,增强自己的职业能力,使得自己在毕业时具有较强的竞争能力。当然,我们并不主张人的职业方向终身不变。今后,随着科学技术的发展,一些职业还会消失,又会兴起另一些职业,市场也为人才交流提供了机会。所以,对待职业选择要有客观的态度,安心学好现有的专业,以适应社会经济发展的要求。

二、培养策略

(一)培养广泛的兴趣爱好

具有广泛兴趣的人不仅对自己职业领域中的事物有浓厚的兴趣,而且对其他方面的事物也存在一定的兴趣。这种人眼界比较开阔,解决问题时能够从多方面得到启发,在职业选择和变动上也有较大的余地,所受到的限制较少,在职业变动时能够较快地适应新的职业。例如,齐白石早年曾为木匠,后来结交文人,学习绘画、诗文、篆刻、书法,终成一位书画大师。

(二)形成中心的职业兴趣

人的兴趣应该广泛,但不能浮泛,还应有一定的集中爱好。既广且精,才能学有所长,获得专门的职业知识。如果只有广泛性而无中心职业兴趣,人的知识就会肤浅,就没有确定的职业方向,心猿意马,自然难以成功。所以,要培养自己在某一方面的中心兴趣,促使自己发展和成才。

(三)保持稳定的职业兴趣

一个人应该在某一方面具有持久和稳定的职业兴趣,而不能朝三暮四、见异思迁。培养和形成稳定的职业兴趣,能够使人们以高昂的热情和饱满的精力投入到职业工作之中,使人们关注于自己的本职,深入钻研,极大地发挥自己的潜能,并使自己得到发展和获得成功。

(四)培养切实的职业兴趣

在现实生活中,人们经常把"人贵有自知之明"这句古训挂在嘴边,希望大家全面地了解自己,摆正自己在学习和生活中的位置。在培养职业兴趣的过程

95

中,人也应该有自知之明,对自己的认识和评价一定要客观,既要考虑社会环境的因素,也要切合自己的实际,这样,才能知己知彼,量力而为。切不可追求时髦或自视清高,忽视外界所能提供的客观现实条件。

【职业兴趣测评】

请你仔细阅读下面的问题,对于每项活动,如果你的回答是肯定的话,则在"是"一栏中打"勾";如果你的回答是否定的话,则在"否"一栏中打"勾"。最后把"是"一栏的回答次数相加,填入"总计次数"一栏中。

一、测试内容

第一组

1. 你喜欢自己动手修理收音机、自行车、缝纫机、钟表、电线开关一类的器具吗?　　　　　　　　　　　　　　　　　　　　　　　是　否

2. 你对自己家里使用的电扇、电熨斗、缝纫机等器具的质量和性能了解吗?　　　　　　　　　　　　　　　　　　　　　　　　　　是　否

3. 你喜欢动手做小型的模型(诸如滑翔机、汽车、轮船、建筑模型等)吗?　　　　　　　　　　　　　　　　　　　　　　　　　是　否

4. 你喜欢与数字、图表打交道(诸如记账、制表、制图)一类的工作吗?　　　　　　　　　　　　　　　　　　　　　　　　　是　否

5. 你喜欢制作工艺品、装饰品和衣服吗?　　　　　　　是　否

总计次数

第二组

1. 你喜欢给别人买东西时当顾问吗?　　　　　　　　　是　否
2. 你热衷于参加集体活动吗?　　　　　　　　　　　　是　否
3. 你喜欢接触不同类型的人吗?　　　　　　　　　　　是　否
4. 你喜欢拜访别人、爱与人讨论各种问题吗?　　　　　是　否
5. 你喜欢在会议上积极发言吗?　　　　　　　　　　　是　否

总计次数

第三组

1. 你喜欢没有干扰地、有规则地从事日常工作吗?　　　是　否
2. 你喜欢对任何事情都预先做周密的安排吗?　　　　　是　否

3. 你善于查阅字典、辞典和资料索引吗？ 是 否

4. 你喜欢按固定的程序有条不紊地工作吗？ 是 否

5. 你喜欢把事物分类和归档的工作吗？ 是 否

总计次数

第四组

1. 你喜欢倾听别人的难处并乐于帮助别人解决困难吗？ 是 否

2. 你愿意为残疾人服务吗？ 是 否

3. 在日常生活中,你愿给人们提供帮助吗？ 是 否

4. 你喜欢向别人传授知识和经验吗？ 是 否

5. 你喜欢防病治病和照顾病人的工作吗？ 是 否

总计次数

第五组

1. 你喜欢主持班级集体活动吗？ 是 否

2. 你喜欢接近领导和老师吗？ 是 否

3. 你喜欢在人多时当众发表自己的观点和意见吗？ 是 否

4. 如果老师不在时,你能主动维持班里学习和生活的正常秩序吗？ 是 否

5. 你具有强烈的责任感和工作魄力吗？ 是 否

总计次数

第六组

1. 你特别爱读文学著作中对人内心世界的细致描写吗？ 是 否

2. 你喜欢听人们谈论他们的活动和想法吗？ 是 否

3. 你喜欢观察和研究人的心理和行为吗？ 是 否

4. 你喜欢阅读有关领导人物、政治家、科学家等名人传记吗？ 是 否

5. 你很想了解世界各国的政治和经济制度吗？ 是 否

总计次数

第七组

1. 你喜欢参观技术展览会或收听(收看)技术新消息的节目吗？ 是 否

2. 你喜欢阅读科技杂志(诸如《我们爱科学》、《科学 24 小时》、《科学动态》)吗？ 是 否

3. 你想了解生机勃勃的大自然的奥秘吗？ 是 否

4. 你想了解使用科学精密仪器和电子仪器的工作吗？ 是 否

5. 你喜欢复杂的绘图和设计工作吗？ 是 否

总计次数

第八组

1. 你想设计一种新的发型或服装吗？   是   否

2. 你喜欢创作画吗？   是   否

3. 你尝试着写小说或编剧吗？   是   否

4. 你很想参加学校宣传队或演出小组吗？   是   否

5. 你爱用新方法、新途径来解决问题吗？   是   否

总计次数

第九组

1. 你喜欢操作机器吗？   是   否

2. 你很羡慕机械类工程师的工作吗？   是   否

3. 你想了解机器的构造和工作性能吗？   是   否

4. 你喜欢交通驾驶一类的工作吗？   是   否

5. 你喜欢参观和研究新的机器设备吗？   是   否

总计次数

第十组

1. 你喜欢从事具体的工作吗？   是   否

2. 你喜欢做很快就看到产品的工作吗？   是   否

3. 你喜欢做让别人看到效果的工作吗？   是   否

4. 你喜欢做那种时间短、但可以做得很好的工作吗？   是   否

5. 你喜欢做有形的事情（诸如编织、烧饭等）而不喜欢抽象的活动吗？

是   否

总计次数

二、统计方法

根据对每组问题回答"是"的总次数，填下表。

组别 回答"是"的总次数 相应的兴趣类型序号

第一组   兴趣类型 1

第二组   兴趣类型 2

第三组   兴趣类型 3

第四组   兴趣类型 4

第五组   兴趣类型 5

第六组   兴趣类型 6

第七组   兴趣类型 7

第八组　兴趣类型 8

第九组　兴趣类型 9

第十组　兴趣类型 10

通过上组训练,找出你的兴趣类型,在答"是"的总次数一栏中,得分越高,相应的兴趣类型就越符合你的职业兴趣特点;得分越低,相应的兴趣类型越不符合你的职业兴趣的特点。然后对照各种兴趣类型所对应的职业,给你的职业生涯定位。

三、兴趣类型与相对应的职业

兴趣类型 1——愿与事物打交道。

这类人喜欢同事物打交道(比如:工具、器具或数字),而不喜欢从事与人和动物打交道的职业。相应的职业有制图员、修理工、裁缝、木匠、建筑工、出纳员、记账员、会计等。

兴趣类型 2——愿与人接触。

这类人喜欢与他人接触的工作,他们喜欢销售、采访、传递信息一类的活动。相应的职业有记者、营业员、服务员、推销员等。

兴趣类型 3——愿做有规律的工作。

这类人喜欢常规的、有规律的活动,在预先安排的条件下做细致工作。相应的职业有邮件分拣员、图书馆管理员、办公室职员、档案管理员、打字员、统计员等。

兴趣类型 4——愿从事社会福利和助人的工作。

这类人乐意帮助别人,试图改善他人的状况,喜欢独自与人接触。相应的职业有医生、律师、护士、咨询人员等。

兴趣类型 5——愿做领导和组织工作。

这类人喜欢管理工作,爱好掌握一些事情,他们在企事业单位中起着重要的作用。相应的职业有辅导员、行政人员、管理人员等。

兴趣类型 6——愿研究人的行为。

这类人喜欢谈论涉及人的主题,他们爱研究人的行为举止和心理动态。相应的专业有心理学、政治学、人类学等。

兴趣类型 7——愿从事科学技术事业。

这类人喜欢分析的、推理的、测试的活动,长于理论分析,喜欢独立解决问题,也喜欢通过实验获得新发现。相应的专业有生物、化学、工程学、物理学等。

兴趣类型 8——愿从事抽象性和创造性的工作。

这类人喜爱需要有想象力和创造力的工作，爱创造新的式样和概念。相应的职业有演员、创作人员、设计人员、画家等。

兴趣类型 9——愿做操纵机器的技术工作。

这些人喜欢运用一定的技术，操纵各种机械，制造产品或完成其他任务。相应的职业有机床工、驾驶员、飞行员等。

兴趣类型 10——愿从事具体的工作。

这类人喜欢制作看得见、摸得着的产品，希望很快看到自己的劳动成果，他们从完成的产品中得到自我满足。相应的职业有厨师、园林工、理发师、美容师、室内装饰工、农民、工人等。

至此，你对于如何给自己进行职业生涯定位该有个大致的了解了吧。一个理想的职业生涯是最符合你的个性、最能发挥你的潜力、最使你感兴趣的职业生涯，当然这几者并不总是一致的。那么，就应该尽量去寻找它们的切合点，在充分考虑这几种因素的前提下，找到你的最佳职业生涯定位。

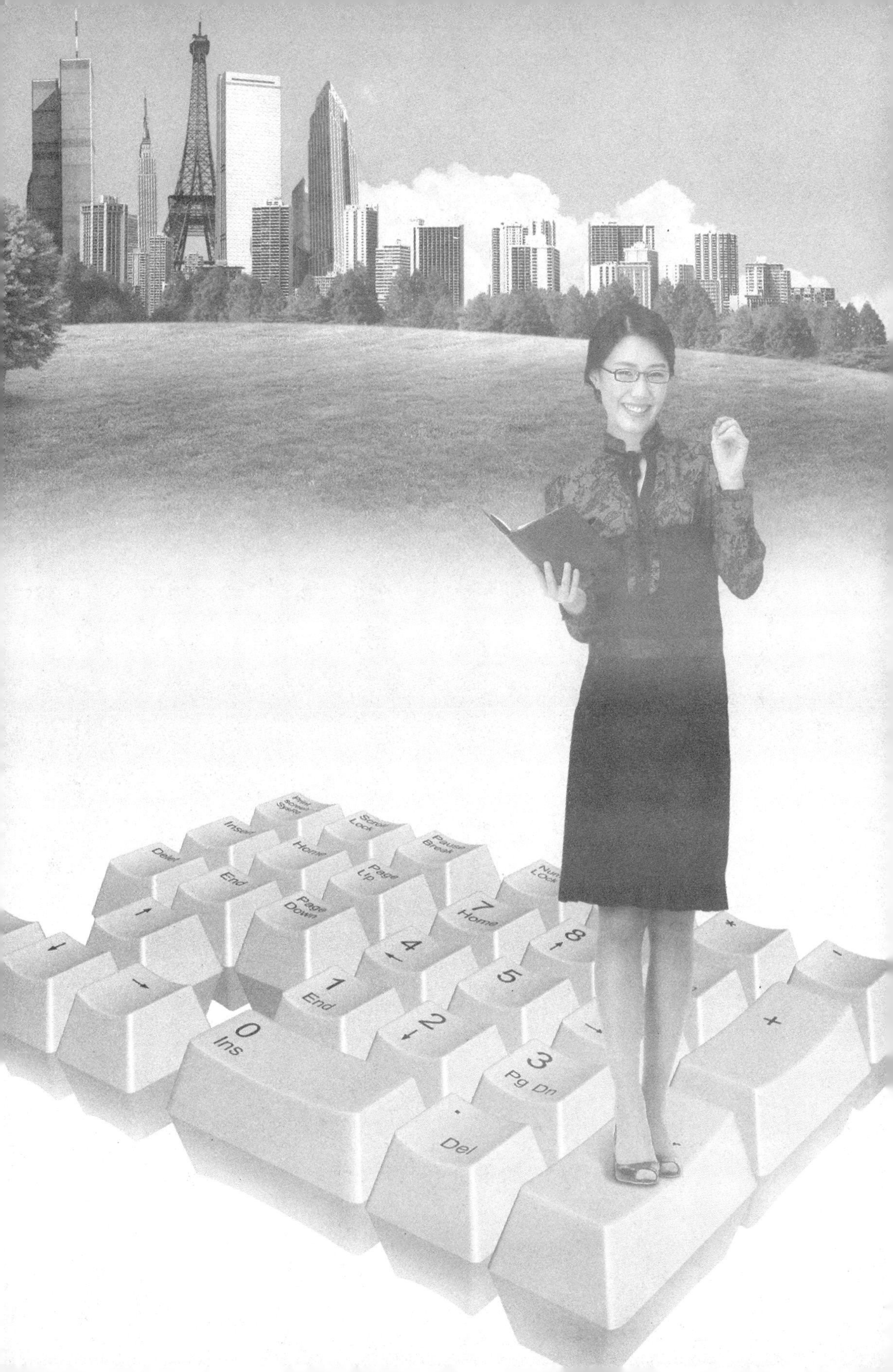
Home
End
Page Up
Page Down
7 Home
8
4
5
1 End
2
0 Ins
3 Pg Dn
Del
+

第五章　职业动机

随着一个人对自己越来越了解，就会越来越明显的形成一个占主要地位的职业取向，当一个人不得不做出选择时，他无论如何都不会放弃的职业中的那种至关重要的东西或价值观，就形成了这个人的职业动机。

第一节　需要与动机

一、需要的内涵

需要是有机体活动的积极性源泉，是人进行活动的基本动力。需要激发人去行动，使人朝着一定的方向，追求一定的对象，以求得自身的满足。需要越强烈、越迫切，由它所引起的活动动机就越强烈。同时，人的需要也是在活动中不断产生和发展的。当人通过活动使原有的需要得到满足时，人和周围现实的关系就发生了变化，又会产生新的需要和新的动机。这样，需要推动着人去从事某种活动，在活动中需要不断地得到满足，又不断地产生新的需要和新的动机，从而使人的活动不断地向前发展。

（一）需要的分类

需要是有机体内部的某种缺乏或不平衡状态，它表现出有机体的生存和发展对于客观条件的依赖性，是有机体活动的积极性源泉，它常以意向、愿望、动机、抱负、兴趣、信念、价值观等形式表现出来。人既是生物有机体又是社会成员。为了个体和社会的生存和发展，人对于外部环境必定有一定的需求。这种客观的必要性反映在人的头脑中并引起他内部的某种缺乏或不平衡状态时就会产生某种需要。

人的需要是多种多样的，可以按照不同的标准对它们进行分类。大多数学者采用二分法把各种不同的需要归属于两大类，例如：生物性（生理性）需要与社会性需要；或原发性需要与继发性（习得性）需要；或外部需要与内部需要；或

103

物质性需要与心理性需要等等。

1.生物性需要

生物性需要是指保存和维持有机体生命和延续种族的一些需要,例如对饮食、运动、休息、睡眠、觉醒、排泄、避痛、配偶、嗣后等的需要。动物也有这类需要。这些需要也叫生理性需要或原发性需要。分为进食需要、饮水需要、睡眠和觉醒的需要及性需要。

2.社会性需要

社会性需要是指与人的社会生活相联系的一些需要。如对劳动、交往、成就、奉献的需要等。社会的需要表现为这样或那样的社会要求;当个人认识到这些社会要求的必要性时,社会的需要就可能转化为个人的社会性需要。社会性需要是后天习得的,源于人类的社会生活,属于人类社会历史的范畴,并随着社会生活条件的不同而有所不同。社会性需要也是个人生活所必需的,如果这类需要得不到满足,就会使个人产生焦虑、痛苦等情绪。社会性需要的种类很多,如劳动需要、交往需要和成就需要等。

(二)马斯洛的需要层次理论

马斯洛是美国的比较心理学家和社会心理学家,人本主义心理学的创始人之一。他提出了需要层次理论,其基本要点是:

人类的基本需要是按优势出现的先后或力量的强弱排列成等级的,即所谓需要层次,如图 5.1 所示。

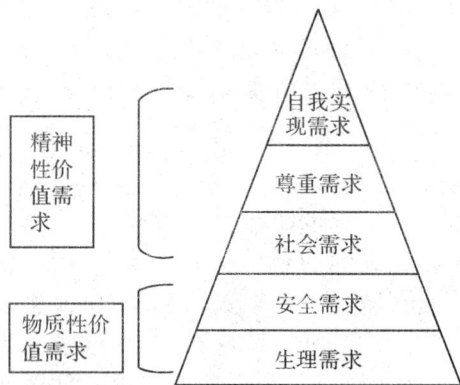

图 5.1

其强弱和先后出现的次序是:

1. 生理需要

生理需要指如对于食物、水分、氧气、性、排泄和休息等的需要。这些需要在所有需要中占绝对优势。如果所有需要没有得到满足，此时有机体将全力投入为满足饥饿的服务之中。

2. 安全需要

安全需要指如对于稳定安全、秩序、受保护，免受恐吓、焦躁和混乱的折磨等的需要。如果生理需要相对充分地得到了满足，就会出现安全需要。

3. 归属和爱的需要

归属和爱的需要是指如需要朋友、爱人或孩子，渴望在团体中与同事间有深厚的关系等。如果生理需要和安全需要都很好地得到了满足，归属和爱的需要就会产生。

4. 尊重需要

这可分为两类：一是希望有实力、有成就、能胜任、有信心，以及要求独立和自由；一是渴望有名誉或威信、赏识、关心、重视和高度评价等。这些需要一旦受挫，就会使人产生自卑感、软弱感、无能感。

5. 自我实现的需要

这是指促使自己的潜能得以实现的趋势。这种趋势是希望自己越来越成为所期望的人物，完成与自己的能力相称的一切。例如，音乐家必须演奏音乐，画家必须绘画，这样他们才感到最大的快乐。但是，为满足自我实现需要所采取的途径是因人而异的。自我实现需要的产生有赖于前述四种需要的满足。

二、动机的内涵

动机是个体能动性的一个主要方面，它具有发动行为的作用，能推动个体产生某种活动，使个体从静止状态转向活动状态。同时它还能将行为指向一定的对象或目标。当个体活动由于动机激发而产生后，能否坚持活动同样受到动机的调节和支配。

动机是指由特定需要引起的，满足各种需要的特殊心理状态和意愿。动机是指一个人想要干某件事情而在心理上形成的思维途径，同时也是一个人在做某种决定时所产生的念头。

（一）动机的分类

1. 权力动机

权力动机是指试图影响他人和改变环境的驱力。具有权力动机的人希望制造对组织的影响，并且愿意为此承担风险。一旦得到了这一权力，他们可能会建设性或破坏性地使用它。

如果权力驱动的人其驱力是为了获得机构权力，而不是个人权力，他们会成为优秀的管理者。机构权力是为了整个组织的好处而影响他人行为的需要。具有这种需要的人通过正常手段获取权力，通过成功的表现提升到领导岗位。于是，他们也就能够得到别人的认可。但是，如果员工的驱力是个人权力，这个人往往就会成为不成功的组织领导者。

2. 成就动机

成就动机是指一些人所具有的试图追求和达到目标的驱力。一个拥有这种驱力的个体希望能够达到目标，并且向着成功前进。成功对于个体的重要性主要在于其本身的原因，而不是随之而来的报酬。

许多特征可以用来描述成就取向型员工。当他们觉察到付出的努力所带来的个人荣誉和失败的风险只是一般水平，并且可以获得关于过去绩效的反馈，那么，他们将会更加努力地工作。作为管理者，他们往往希望他们的员工也是成就取向的。有时，这些较高的期望会使得成就取向型管理者很难有效地分配工作；一般水平的员工难以满足管理者的需要。

3. 亲和动机

亲和动机是指争取在社会基础上与人交往的驱力。比较具有成就动机的员工和具有亲和动机的员工，可以展示两种模式是如何影响行为的。成就取向型员工会在主管为工作行为提供了详细的评价时更加努力地工作；而具有亲和动机的员工则会在他们因良好的态度和合作得到赞扬时更加努力工作。成就取向型人选择助手时，更多考虑技术上的能力，而较少考虑对他人的感觉；亲和取向型人则倾向于选择周围的朋友。他们由于能够与朋友们相处而得到内心的满足，并且他们需要工作自由来发展这些关系。

具有强烈亲和需要的管理者也许很难成为有效的管理者。虽然高度关注积极的社会关系通常可以建立合作性的工作环境，在这之中的员工也的确愿意共同工作；但是，在管理上过分强调社会维度会干扰完成工作的正常程序。对亲和取向型管理者来说，在分配挑战性的工作、指导工作活动及监督工作的有效性上会有困难。

4. 能力动机

能力动机是指争取在某些方面有所专长，使得个体能完成高质量工作的驱力。具有能力动机的员工寻求工作熟练，以发展和运用他们解决问题的能力为荣耀，在工作中面临困难时努力创新。他们从过去的经验中受益，并且持续不断地提高个人能力。通常，他们能够高质量完成工作的原因是由于他们能够因高质量地完成工作而感到内心满足,从注意到他们工作的人(例如同事、客户和经理)那里获得自尊。

能力动机不同于成就动机。成就取向型的个体喜欢完成工作,并且转移到下一个目标。他们更加关注可以用数量衡量的目标,因为这可以作为衡量成功的标尺。能力取向的员工则认为自己的能力是更有价值的,他们更加关注产品和服务的质量取向型目标。

能力取向的人同样期望他的同事们能够高质量地完成工作,如果与他们工作或为他们工作的人表现不好,他就会变得焦躁不安。实际上,或许由于他们对于高质量完成工作的驱力太强了,以至于在工作中容易忽视人际关系和团队的重要性,或是保持合理产出水平的重要性。

(二)动机的相关理论

动机是激励和维持人的行动,并将行动导向某一目标,以满足个体某种需要的内部动因。动机本身不属于行为活动,它是行为的原因,不是行为的结果。

动机的理论主要有:本能论、驱力论、唤醒论、诱因论、认知论。

1. 本能论

本能理论是最早出现的行为动力理论。本能理论的基本观点是,人的行为主要是受人体内在的生物模式驱动,不受理性支配。最早提出本能概念的是生物进化论的创始人达尔文。而在动机心理研究方面进行深入研究的则是詹姆斯、麦克杜格尔和弗洛伊德。其中麦克杜格尔系统提出了冬季的本能理论,认为人类的所有行为都是以本能为基础的;本能是人类一切思想和行为的基本源泉和动力;本能具有能量、行为和目标指向三个成分;个人和民族的性格和意志也是由本能逐渐发展而形成的。

2. 驱力论

霍尔最早提出,伍德沃斯提出行为因果机制的驱力概念,以代替本能概念,而让驱力理论得以大力推广的是赫尔。

赫尔提出驱力减少理论。他假定个体要生存就有需要。需要产生驱力。驱力是一种动机结构,它供给机体的力量或能量,使需要得到满足,进而减少驱力;人类的行为主要是由习惯来支配的,而不是由生物驱力支配的,他强调经验和学习在驱力形成中的作用,认为学习对机体适应环境有重要意义。驱力为行为提供能量,而习惯决定着行为的方向;有些驱力来自内部刺激,不需要习得,称为原始驱力,有些驱力来自外部刺激,是通过学习得到的,称为获得性驱力。

3. 唤醒论

赫布和柏林等人提出,认为:人们总是被唤醒,并维持着生理激活的一种最

佳水平,不是太高也不是太低。对唤醒水平的偏好是决定个体行为的一个因素。它提出了三个原理:

(1)人们偏好最佳的唤醒水平,刺激水平和偏好之间的关系是一条倒 U 形曲线。

(2)简化原理,即重复进行刺激能使唤醒水平降低。

(3)个人经验对于偏好的影响,研究表明,富有经验的个体偏好于复杂的刺激。

4.诱因论

诱因论是针对驱力理论的缺陷(驱力理论仅仅强调个体的活动来自内在的动力,它忽略了外在环境在引发行为上的作用)而提出的。诱因是个体行为的一种能源,它促使个体去追求目标。诱因与驱力是不可分开的,诱因是由外在目标所激发,只有当它变成个体内在的需要时,才能推动个体的行为,并有持久的推动力。

5.认知论

现代认知理论认为:认知具有动机功能。动机的认知理论主要有期待价值理论、动机的归因理论、自我功效论、成就目标论。

(1)期待价值理论:把达到目标的期待作为行为的决定因素。期待帮助个体获得目标。

(2)动机归因理论:动机是思维的功能,采取因果关系推论的方法从人们行为中寻求行为内在的动力因素。

(3)自我功效论:班杜拉认为人对行为的决策是主动的。人的认知变量如期待、注意和评价在行为决策中起着重要的作用。期待分为结果期待和效果期待。结果期待是指个体对自己行为结果的估计;效果期待是指个体对自己是否有能力来完成某种行为的推测和判断,这种推测和判断就是个体的自我效能感。

(4)成就目标理论:不同个体对自己的能力有不同的看法。这种对能力的潜在认识会直接影响到个体对成就目标的选择。

(三)动机的作用

动机是在目标或对象的引导下,激发和维持个体活动的内在心理过程或内部动力。动机是一种内部心理过程,不能直接观察,但是可以通过任务选择、努力程度、活动的坚持性和言语表示等行为进行推断。动机必须有目标,目标引导个体行为的方向,并且提供原动力。动机要求活动,活动促使个体达到他们的目标。

1.动机的联合

当个体同时出现的几种动机在最终目标上基本一致时,它们将联合起来推动个体的行为。强度最大的是主导动机,它对其他动机具有调节作用,这种调节作用主要表现为:

(1)主导动机有凝聚作用,将相关动机联合起来,指向最终目标,同时主导动机还决定个体实现具体目标的先后顺序。

(2)主导动机具有维持作用,将相关动机的行为目标维持在一定的目标上,阻止个体行为指向其他目标。

非主导动机的影响力较小,但其作用也是不可忽视的,非主导动机可以增强或削弱这种动机联合的强度。

2.动机的冲突

当个体同时出现的几种动机在最终目标上相互矛盾或相互对立时,这些动机就会产生冲突。

(1)双趋冲突:当个体的两种动机分别指向不同的目标,只能在其中选择一个目标而产生的冲突。

(2)双避冲突:当个体的两种动机要求个体分别回避两个不同目标,但只能回避其中一个目标,同时接受另一个目标而产生冲突。

(3)趋避冲突:当个体对同一个目标同时产生接近和回避两种动机,又必须作出选择而产生的冲突。

第二节　职业动机的内涵

每个人都有不同的志向、背景和经历。一定的职业兴趣和职业动机在很大程度上影响着人们的职业选择和为这一选择而做的准备。

一、职业动机的形成

职业动机是职业观中的动力成分。指的是直接引起、推动并维持人的职业活动,以实现一定的职业目标的内部动力。其本质是它的能动作用,在职业选择定向中起指导作用,在职业活动中起发起作用,维持、推动作用,并强化人们在职业活动中的积极性、创造性。

职业动机是个体在择业环境中产生的,任何导致个体选择某一职业的内外原因都属于职业动机的研究范畴,其情景性、灵活性更强,也更能有效地反映当

109

前从业者的职业心理和就业环境。下面的需要将激励人们的职业行动,并形成职业动机。

（一）追求成就

具有强烈成就需要的人会从自己完成的工作中获得乐趣。成就需要或者说成就动机,对于自由雇用和担任高级管理职位的人特别重要。满足成就需要的行动,包括自始至终参与经营或者完成某个重要项目。

（二）渴望权力

高权力需要的人会感到控制资源的迫切需要,诸如其他人和金钱。成功的领导具有很高的权力动机,并且表现出三个显著特征:通过魄力和决断施展权力;花费大量时间考虑改变他人的行为和想法;关注周围人的个人立场。担任高层职位或是成为一个很有影响力的人物,都是满足权力需要的有效途径。

（三）看重关系

具有强烈关系需要的人会追求与他人的密切关系,并且无论做朋友还是雇员都很忠诚。关系需要可以直接通过从属于某个工作团队来获得满足,这意味着你的同事是你生活的重要组成部分。很多人选择在群体中工作而不是单独工作,就是因为前者提供了与他人进行社会沟通的机会。

（四）获得认同

具有强烈认同需要的人希望自己的贡献和能力得到大家的广泛认可。对于认同的需要非常普遍,所以很多公司建立了正式的认同制度,比如出色的或是长期为公司工作的员工可以收到礼物、奖励证书或者雕刻公司徽标的珠宝。认同动机可以通过多种方式获得满足,诸如竞赛获胜、获得奖品以及在印刷品上看到自己的名字。认同需要成为一个有效激励因素的主要原因是,大多数个体认为自己做了很多重要的事情,却没有得到充分的赏识。

（五）善于规划

具有强烈规划需要的人,会有将事物按秩序摆放整齐的愿望。他们希望事情安排妥当、平衡、整洁、精确。规则动机可以通过清理工作和生活空间而快速得到满足,会计师、程序员和律师助理等职位几乎每天都向从业者提供满足规则动机的机会。

（六）喜欢刺激

有些人在工作中追求持续的挑战,愿意冒着巨大的风险寻求刺激的感觉。这种需要在高科技领域显得越发生要。许多人先为雇主打工后开始创业。寻求巨额回报和日常工作挑战都是激发这些人的原因。对刺激的强烈追求可能对组织有一些正面的影响,包括员工愿意执行放置炸药、封盖油井、控制辐射泄漏以及把产品引进到一个高度竞争的市场中等危险的举动。但是,过度追求风险和刺激的员工也会导致一些问题,包括导致大量的交通事故和做出轻率的投资决定。

二、职业动机的差异

(一)年龄的差异

从整体上看,职业动机是有年龄差异的。职业外部动机年龄差异极其显著,但职业内部动机年龄差异不显著。职业外部动机随年龄升高而逐步增强,特别是对人脉关系的感知和职业声望的重视,随年龄增加,差异越来越显著,这表明目前就业中,在重视职业社会地位和声望的同时,也开始重视一些影响就业的社会现实因素。不同时代的人因为社会文化的差异而有不同的需要,造成需要的年龄差异和职业动机差异。另外,年轻人可能更喜欢追求风险和刺激,而年纪大的人对安全的需要较为强烈。

(二)性别的差异

在性别差异上,整体上看,职业内部动机性别差异显著,但职业外部动机性别差异不显著。据有关调查表明男女就业时都表现出较强的职业动机。特别在"贡献利他"、"安全稳定"和"薪酬福利"方面,性别差异显著。一般女性比男性表现出更强烈的服务他人、贡献社会的奉献性职业动机心理,更青睐有保障的工作,更害怕失业,同时更重视职业所提供的工资和福利。

我国就业过程中性别不平等的现象仍然存在,女大学生在就业时可能面临一些社会歧视。但我们要看到,随着社会进步和科学技术的发展,尤其是第三产业的兴起和壮大,女性有了较充分地发挥其聪明才智的空间,在社会生活中逐步争得了较多的权利和自由,社会地位有了很大提高。社会上涌现了大量的成功女性,她们的自信、睿智和成功使得女生的自信心有了很大提高。

(三)专业的差异

不同专业的学生职业动机差异显著,这种差异表现比较突出的是,艺术专业学生在职业动机上显著高于其他专业学生,理工科专业学生的职业动机值最低,且文理科间差异不显著。理工科学生大多是男生,属于专业技术性人才且社会需求量大,因而在就业时不太重视工作稳定性以及人脉关系的制约。艺术专业学生从专业背景和实践两方面来看,艺术专业学生都呈现出最强的职业心理特点。而医科一般学制较长,学业压力相对较大,因此,医科专业学生就业方向明确,但都希望能找到规模大、层次高的医疗机构工作。

111

第三节　职业动机的影响因素

一、影响职业动机的因素

(一)认知因素

个体的行为动机是主观需要与客观事物之间相互作用的结果,但客观事物符合自己的需要的程度如何? 满足的可能性有多大? 这取决于个体对职业的认知。因此,职业认知是影响职业动机的一个重要因素。

1.自我效能

个体对期望的估计,在很大程度上与个体对自己从事该活动的胜任能力的判断有关。班杜拉认为,个体对自己的能力能否胜任该任务的知觉,即自我效能。自我效能是指个体对自己从事某项工作所具有的能力的主观评价和确信。它是个体对自己行为能力的主观推测,而非客观实际;自我效能影响个体对活动的选择性、坚持性、情绪状态以及对活动中所遇困难的态度。

2.目标意识

目标是行为所要达到的目的,又是引起行为动机的外部刺激,个体对效价和期望的估计,与自己的目标意识有着密切的联系。个体头脑中对目标的意识越清晰、越具体,则对个体行为动力的引发越有利,并且目标的设立也会通过自我激励机制对个体动机发生作用。

3.归因作用

归因是指人们以他人或自己的某些属性或倾向性为结果进行分析,推论其内在原因的过程。在对人的认识过程中,人们总是要从某种特定的人格特征或行为特点推论其他特点,找出他在活动中所表现出来的一些特点之间的逻辑联系,推测、了解各种原因后就可以加以预测,从而对人们的环境和行为实行控制。

(二)情感因素

情感是人对客观现实的态度的体验。也就是说,人们在实践活动中出现的喜、怒、哀、乐,是以体验的方式反映主观需要、预期与客观事物之间的关系的。客体满足个体需要,个体就会产生肯定的感情;相反,则会产生否定的感情。客体超出个体预期越大,则个体产生的情感越强烈,反之则越微弱。随着现代心理学的发展,人们对情感现象有了较多的研究和认识,揭示了情感的不少功能,其中一个十分突出的功能,便是情感的动力功能,即情感对个体行为活动所具有的增力或减力效能。

美国心理学家汤姆金斯明确指出,情感具有"放大"内驱力的作用。例如,个体缺水,血液成分有所变化并感到口渴,这是感觉。但是这种感觉会立即导致机体衰竭。口渴到击破程度,使人无法忍耐,就形成情绪。这就是因情感放大了内驱力,从而成为动机力量。这种动力作用,确切地说,主要表现在对动机所发动的行为强度上的影响。同一个人,在同一需要——动机系统支配下活动,在情绪高涨与低落两种情况下,其活动的动力强度有着十分明显的差别。情绪高涨时,他会全力以赴,努力奋进,克服重重困难,直达预定目标;情绪低落时,他则缺乏冲劲和拼劲,稍遇阻力,便畏缩不前,半途而废。正如马克思所说:"情欲,激情是使人只想着自己的对象努力追求的性能。"

总之,情感在人们生活中有十分重要的作用。情感构成一个基本的动机系统,它能够驱动有机体发生反应、从事活动,在最广泛的领域里为人类的各种活动提供动机。

(三)行为因素

个体的性能是在其动机的驱动下发生的,而发生的行为所产生的结果,又会影响其随后行为的动机。这种影响主要表现在:

1. 强化作用

所谓强化,是指个体在学习过程中增强某种反应可能性的力量。例如,一位学生学习非常认真、刻苦,受到学校教师的表扬,内心很高兴,随后他会出现更为认真、刻苦的学习行为。这里学生的学习行为受到强化,而教师的表扬便是强化物。

2. 影响作用

作为认知因素的自我效能感,虽是个体对自己从事该活动的胜任能力的主观判断,但毕竟还受客观现实的制约。个体行为效果好不好,能否胜任,自然会影响个体的主观判断,并由此进而影响个体的动机。

(四)价值观因素

价值观是人们用以评价实物价值标准并一直指导行为的心理倾向系统。它制约着个体去发现事物对自己的意义,设计自己,确定并实现奋斗目标。虽然事物是客观存在的,但由于人的价值观不同,因而,同一事物对个人意义的评价和认识也就不同,这就进而影响人们对该事物的需要状况或程度,对人的行为产生相应的动力作用。

113

1.兴趣

兴趣是力求认识某种事物和渴望探求真理,与肯定的情绪态度相联系的积极的意识倾向。由于个体的兴趣所向与其需要一致,又伴有积极的情绪体验的支持。因此,他对个体的活动,尤其是认知活动具有巨大的推动作用。当个体的某种需要得到满足后,其兴趣不但不会减弱,反而会更加丰富和深化,产生与更高的认知活动水平相应的新的兴趣。而这种新的兴趣又会导致新的认知活动的内在动机。

2.信念

信念是个体对某些知识的真实心或某种观念的正确性,抱有坚定的确信感和深刻的信任感,并力求加以实现的心理倾向。信念是知和情的升华,也是知转化为行的中介动力,是知、情、意的高度统一体。因此,信念不仅是一种认知活动,而且充满高级情感,能指引个体的思想和行为,具有理论性的价值取向。信念因处于个性心理倾向中的上层部分,故它对处于个性心理倾向中的基础部分的需要具有控制和调节的作用,它往往通过对个体需要的调控来影响其动机和行为。例如,人都有生存和安全的需要,但是,有"人民利益高于一切"信念的人,能在危险时刻挺身而出,与暴徒搏斗,或与洪水搏斗,以保护国家财产和人民生命。这就是他们自觉抑制生存需要、安全需要,而激活利他需要、奉献需要所产生的行为动力。

3.理想

理想是个体对未来有可能实现的奋斗目标的向往和追求。它与信念紧密地联系在一起,以一定信念为基础,是信念对象的未来形象和具体内容。因而,理想比信念更具体、更丰富、更确定、更具有情感意义上的感召力。理想总是与奋斗目标相联系,并影响人的行为动力,它会激发人的活动朝着一定的方向和对象奋进,会引发巨大的激励力量。

个体的行为是在主观需要和客观事物的共同作用下,通过内驱力和诱因形式被引发的。在具体情境中,还有其他因素影响着个体的行为动机。

二、职业动机影响职业规划

职业规划是职业生涯规划的简称,是指个人发展与组织发展相结合,在对个人和内外环境因素进行分析的基础上,确定一个人的事业发展目标,并选择实现这一事业目标的职业或岗位,编制相应的工作、教育和培训行动计划,对每一步骤的时间、项目和措施作出合理的安排,是对人生进行持续、系统的计划的过程,它包括职业定位、目标设定、通道设计三部分内容。通常所说的职业生涯设计实际上是指对职业通道的设计。

（一）职业规划的内涵

职业生涯规划无论是对在校学习的学生，还是已经就业的从业者，对其职业生涯选择及相关职业准备都有重要指导作用。

1.职业规划的意义

（1）职业规划是适应就业形势的需要

在全社会就业形势比较严峻的情况下，失业或一时找不到工作的毕业生越来越多，而教育的基本目的之一是让学生在现实社会中获得就业能力、掌握谋生手段、奠定未来发展的基础，这就要求学校对学生的升学就业、职业规划和人生发展给予正确的教育指导，使学生及早树立职业生涯规划意识，减少就业、创业活动中的盲目性，克服就业过程中的错误认识，使学生理性地规划人生，提高就业、创业成功率。

（2）职业规划是适应社会职业发展的需要

随着市场经济和经济产业化的深入发展，职业分工更加精细。产业内容不断更新，同一职业随着社会的发展和科技的进步而具有了不同的内涵，产业结构逐步优化，对人才的要求也愈加专业，对从业人员的素质要求越来越高。学生要想在今后的社会中有一席之地，必须提前做好自己的职业生涯规划，适时调整自己与外界环境的关系，不断地提高自己的职业素质，以适应社会职业发展的需要。

（3）职业规划是构建和谐社会的需要

十七大报告提出，各地地方行政主管部门以及各高校要高度重视毕业生的就业工作。毕业生能否就业、能否就好业，直接关系到毕业生家庭对学校教育的满意度，间接影响学校教育的发展和社会的和谐稳定。通过职业生涯规划，能够帮助大学生准确定位，形成合理的择业观和就业观，并树立明确的奋斗目标，进而提高学生就业满意度和家长对社会的满意度，促进和谐社会的构建。

（4）职业规划是降低就业成本的需要

通过职业生涯规划，学生的职业目标更加明确，避免了盲目投简历和面试，降低了就业成本。此外，学生可以利用寒暑假寻找一些见习或实习机会，对自己的职业生涯规划进行检验，通过实践不断对职业生涯规划进行修改，为今后的职业选择和发展提供重要的参考依据，减少了职业发展过程中的时间成本。

（5）职业规划是优化工作效能的需要

职业生涯规划能够引导学生正确认识自身的个性特质和现有与潜在的资源优势，帮助他们重新对自己的价值进行定位并使其持续增值，使学生学会如

115

何运用科学的方法,采取可行的步骤与措施,从而不断增强职业的竞争力。同时还有助于大学生养成分析外部环境和工作目标的习惯,使他们在今后的工作中能够合理计划和分配时间及精力,高效完成工作任务,优化工作效能。

2.职业规划的原则

(1)目标措施一致原则

规划并设定的目标、措施要清晰、明确,实现目标的步骤要直截了当,生涯规划各阶段的路线划分与安排具体可行。主要目标与分目标一致,目标与措施要统一,个人目标与组织目标相符合。规划是预测未来的行动,确定将来的目标,因此各项主要活动,何时实施、何时完成,都应有时间和顺序上的详细安排,以作为检查行动的依据。

(2)挑战激励恰当原则

目标或措施可以具有挑战性,但是,要与自己的条件和客观现状相适合。目标尽量符合自己的性格、兴趣和特长,能对自己产生内在的激励作用。规划未来的职业生涯目标,牵扯到多种可变因素,目标或措施还要有弹性或缓冲性,能依循环境的变化而作调整为好。因此,规划应有弹性,并留有余地,以增加其适应性。

(3)操作务实可行原则

个人的目标与企业目标应具有合作性与协调性,规划要有事实依据,并非是美好的幻想或不着边际的梦想,否则将会延误生涯发展机遇。拟定生涯规划时必须考虑到生涯发展的整个历程,做全程的考虑,人生每个发展阶段应能持续连贯衔接。实现生涯目标的途径很多,在做规划时必须要考虑到自己的特质、社会环境、组织环境以及其他相关的因素,选择确实可行的途径。规划的设计应有明确的时间限制或标准,以便评量、检查。

(二)影响因素

职业规划是一个人制定职业目标、确定实现目标的手段的不断发展的过程。职业规划在人们的职业决策过程中必不可少。它有助于人们发现自己的人生目标,平衡家庭与朋友、工作与个人爱好之间的需求,而且能使人们做出更好的职业选择。更重要的是,职业规划有助于人们在职业变动的过程中,面对已经变化的个人需求及工作需求,进行恰当的调整。

职业观念的形成和职业规划中主要有三种因素影响:即成长阶段、职业动机、工作环境。在职业规划时,应当认识并考虑到这些最基本的因素。

1.成长阶段

由于人在不同成长阶段,对职业的看法不同,职业动机也随之变化。这种变化有些来自于年龄的增长,有些来自于发展的机会和状态。

(1)职业个性形成阶段:此阶段一般年龄在 10～20 岁之间,一个人到达这一阶段的典型。该阶段中,个人探索职业的选择并开始进入成人世界。

(2)职业建立与调整阶段:此阶段一般从 20 岁持续到 50 岁,在这一阶段,一个人选择了一种职业并建立起一条职业道路,但也会进行职业动机和职业选择的不断调整。

(3)职业维持与调节阶段:此阶段一般是 50 岁以后。在这一阶段,一个人主要会努力接受现实的生活,调节自我,不断适应自己的职业要求。

2.职业动机

职业动机是个体在职业需要基础上,确定职业目标,支配职业行为,并为实现职业目标维持职业行为的内部动力,属于职业动力系统。其本质是它的能动作用,在职业选择定向中起指导作用,在职业活动中起发起作用,维持、推动作用,并强化人们在职业活动中的积极性、创造性。如:具有管理动机的人,才有管理他人的愿望,会努力追求管理岗位和职位;具有技术动机的人,会在意技术能力的不断发展,而并不喜欢追求管理职位。

3.工作环境

影响职业规划的一个非常重要的因素,是个人所面临的工作环境。这包括组织外部的社会环境和组织内部环境。环境变化的可能性应成为员工职业规划设计的重要因素。

(三)职业规划的方法

1.全面分析和评价自己——"知己"

"知己"是一个艰难的过程。人最大的敌人就是自己,客观、科学地认识自己是做好职业生涯规划的第一步。通过心理测量及其他测评手段,对自己身体状况、能力倾向、兴趣爱好、气质与性格、家庭背景、学业成绩、工作经历等方面的个人资料进行客观综合的评价。

根据自己的专业和个人特性进行合理的职业生涯规划,应该着重解决一个问题,那就是认识自己的性格、气质、兴趣、能力及个性特征,以及这些特征是否与理想职业吻合,据此确定自己的兴趣和优势所在,要充分展示自己的特长、实践经验以及社会工作能力等,对自己的优势和不足有一个比较客观地认识,确定自己的发展方向和行业选择范围,明确其职业发展目标。

采用非标准化的工具对自我进行探索,通过对自己的一些成长经历的回顾来发现自己的职业兴趣,如在过去的历史中我比较喜欢干什么,哪些事情让我觉得非常有成就感,哪些事情觉得干起来非常痛苦,找出 20 件左右在成长中让

117

自己觉得有成就感和快乐的事情,就能够发现自己对什么感兴趣。学会多问自己几个为什么。如:我是谁? 我喜欢干什么? 我能够干什么? 我应该干什么? 在众多职业面前我应该选择什么?

采用标准化的工具对自己进行评估,标准化工具就是通过专业化机构或测评软件,通过一系列科学手段对人的一些基本心理特质进行测量与评估,分析个人特质,结合职业特点,帮助你进行职业选择。如:职业兴趣测验——"你喜欢做什么";职业价值观及动机测验——"你要什么";职业能力测验——"你擅长什么";个性测验——"你是什么样的一个人";职业发展评估测验——"你的职业发展阶段如何"。通过专业的职业测评机构或软件来对自己作出判断。

2. 了解职业及职业环境——"知彼"

职业生涯规划还要充分了解相关环境,评估环境因素对自己职业生涯发展的影响,分析环境条件的特点、发展变化情况,把握环境因素的优势与限制,了解本专业、本行业的地位、优势及发展趋势等。这时要多问问自己:社会需要什么样的人、什么样的行业和职业具有良好的发展前景、我理想的职业需要具备什么能力与素质等。

决定职业声望高低的基本要素主要包括职业的社会功能、职业的社会报酬、职业自然条件和职业要求四项。当然,应当清楚地认识到,职业声望是人们的职业社会地位的主观反映,是主、客观的结合,因此不可避免地带有个人偏见及社会环境等因素的影响。职业声望的评价会受到个人偏见、社会环境、社会舆论、教育程度、地区和经济状况等各种因素的影响,因此在择业时,应保持一个清醒、客观的分析,避免从众、攀比和盲目追高等不良择业心理,结合自身特点,科学认识、评价职业。要对自己的职业目标所要从事的行业、职业、工种有一定认识,以及这些行业、职业、工种对个人有些什么样的要求,你是否达到了这些要求,以便在学生期间能够有针对性地进行学习和锻炼,不打无准备的仗。

3. 寻求个人与职业的最佳结合点——"人职匹配"

在了解自己与了解职业的基础之上,职业生涯规划的关键点就是实现人职匹配,即选择与个人人格类型相一致或相近的工作环境,这其中应该包含职业定位和实施策略的问题。根据霍兰德人格类型理论,所追求或从事的最佳职业根据自己人格类型中应该与霍兰德六角形模式的一个顶点重合,若不能重合,应该根据自己的人格类型选择与之相邻的两个顶点之一类型的工作。

良好的职业定位是以自己的最佳才能、最大兴趣、最有利的环境等信息为依据的。职业定位过程中要考虑性格与职业的匹配、特长与职业的匹配、专业与职业的匹配等,职业定位应该注意:

（1）客观现实：考虑个人与社会、单位的联系。初入职场要认真审视自己，若所从事的职业与自己的人格特质还没有到了绝对相斥的地步，实际上是可以通过加强学习、锻炼，可以通过调整心态，慢慢地适应的，因为一个职业（工作）除了自己喜欢外，更要考虑社会需要和社会价值。

（2）扬长避短：看主要方面，不要追求十全十美的职业。比较职业的条件、要求、性质与自身条件的匹配情况，选择条件更适合自己、更符合自己特长、更感兴趣、经过努力能很快胜任、有发展前途的职业。

（3）审时度势：及时调整，要根据情况变化及时调整择业目标，不能一成不变，固执己见。进入职场后，有的能顺利进入角色，并在短时间内取得突出成绩，而更多的要通过较长时间的磨炼才会被单位赏识，还有的会发现，目前的职业发展状况与事前规划的会有一定差异，这些都是很正常的现象。

4. 实践中检验并不断加以校正——"目标修正"

职业规划实际上是一个持续不断的探索过程，在这个过程中，每个人都根据自己的天资、能力、动机、需要、态度和价值观慢慢地形成较为明晰的与职业有关的自我概念。因为个人价值必须通过社会价值来实现，职业目标也是需要在职业实践中来进行校正的。

第四节　职业动机的培养

职业动机的形成必然经历由感性认识到理性认识、由抽象到具体、由不稳定到稳定的发展过程。学生正处于职业动机发展的关键时期，他们的自主意识发展迅速，掌握了较高的科学文化知识，具有了一定的综合分析能力和逻辑思维推理能力；他们开始探索自己的职业前景，并对职业进行价值评价。此时，加强职业动机的引导有助于帮助他们正确分析自我、认识职业、了解社会、使他们的职业理想逐步系统化、科学化。

职业动机引导的最终目的，在于引导学生正确地认识社会和自我；把社会需要和个人理想有机地结合起来，合理地设计自己未来的职业生活，塑造健康、理想的职业人格。

一、培养目标

在职业动机的引导方面，世界观、人生观和价值观教育是不容忽视的首要内容。在新的世纪里，改革的全面深化和整体推进为人的价值追求提供了众多的方向。在价值多元的现实社会中,积极的人生价值取向应是对自我价值和社会价值的整合。

(一)正确的世界观

世界观是一个人职业人格结构中的最高层次,是人对整个世界的根本看法和态度。它一旦形成,就成为个人行为举止的最高调节器,会影响人的整个面貌,特别会影响人的行为举止、习惯和意向。

(二)正确的人生观

人生观,是人们对人生目的和意义的根本看法和态度,是世界观在人生问题上的具体表现,它决定着人生的追求和生命的价值。当人生观表现为人对具体职业的看法和态度时,人的职业观就形成了,职业观是世界观、人生观以及价值观在职业生活中的反映。

(三)正确的价值观

价值观是人们对客观事物按其自身意义或重要性进行评价与取舍的立场、观点和态度的总和。在社会职业活动中,人们总是尽可能地依据自己的价值观去工作和生活,因而价值观对职业人格的形成和发展有着深层的导向作用,是形成人的人生观、道德观和政治观的基础和核心所在。崇高的职业信念和职业理想归根结底来自于科学的世界观和正确的人生观、价值观,并以社会为主导,随时根据社会需要调整自己的理想和职业,关心社会进步和人类生存,勇于为他人的幸福和社会的进步去奉献、牺牲,不断塑造和健全自己的职业人格,努力实现人生的理想和追求。

(四)正确的职业观

职业观对职业性格的形成具有决定性作用。如果一个人对某个职业有所向往和追求,他就会主动了解这个职业对从业者性格以及其他方面的要求,并且努力控制自己,自觉地调适自己的性格,使其与职业要求相一致。每个人都有自己的性格特征,其中有些与职业要求相符,有些可能与职业要求不一致,这是十分正常的现象。能适应职业所要求的职业性格的人,谋求职业岗位的机会和成功的机会就多,恪守自己原有性格且不适应职业要求的人,则难以在此职业岗位上生存,更难得到发展。

一个人一生中会有很多次变换职业的机会,而每一个岗位对从业者的职业性格特征都有特定的要求。因此,每一次变动既给从业者带来选择自己理想职业的机遇,也对从业者提出了重新调适、完善自己职业性格特点的要求。只要真正领会了职业内涵的真谛,就会知道在人的一生中,必须不断调适、完善自己的职业性格,才能实现自己的职业理想,才能体现自己的人生价值。

只有树立正确的职业观,才会有足够的动力去自觉地发扬、巩固那些与职业要求相符的性格特征,同时也会自觉地调适、完善那些与职业要求不一致的性格特征,最终使自己的职业性格特征与职业要求达到高度的一致。

二、培养方法

(一)了解心理特征,发挥职业特长

当代学生的突出心理特征是:自我意识强,张扬个性且好胜心强,重视自身能力。对于学生来说,在求学过程中需要教育者满足其追求自身价值和潜能发展的需要。对在校学生进行职业教育,首先也要求教育者具有尊重、规划和发展的职业眼光,以有利于指导学生形成正确的就业观念。针对影响学生职业动机提出以下教育对策。

1.做好新生学习适应教育,培养提高学生学业规划能力

丰富的知识储备和扎实的专业技能是学生增强自身就业竞争力的必要准备。对于学生来说最重要的学业能力是学业规划能力。特别是在高年级,如果学生在具有科学学习方法的同时具备较强的学业规划能力,这不仅有助于学生从容面对学业压力,更有利于大学生更早地对自身职业出路加以考虑和规划。

2.做好学生专业知识技能教育,培养提高职场所需从业能力

学生专业教育不仅仅局限于专业知识技能学习,更重要的是培养真正契合社会和该行业实际用人需要的从业能力。对学生的专业教育首先应从全面了解本专业开始。要对学生进行系统、深入的专业认知教育,使学生对所学专业所包含的基本知识技能体系有全面的认知。对高年级学生应在职业指导教师指导下参与和专业相关的社会实践,磨炼从业技能,主动适应该行业对从业人员的专业及其他方面的要求,较好地整合专业技能和从业技能。

3.做好学生就业心理健康教育,培养提高学生挫折承受能力

在当下全球经济危机背景下,由就业导致的学生心理问题频繁出现。学校职业指导教师除了培养学生的应聘技巧与策略外,更重要的是针对男女生职业心理差异进行有效的学生就业心理健康教育,提高学生的抗挫折能力。当代女学生具有较高职业动机,而现实求职过程中受到诸多限制使她们遭遇更多挫折。在这一阶段,学生要根据实际就业情况调整自身职业心态,提高灵活性。同时也需要职业指导教师给予一定心理疏导,帮助学生提高自身耐挫力,以乐观、积极、主动、现实的心态面对每一个工作机会。

(二)认清就业形势,打开职业视野

在全球经济危机背景下,整个中国社会走到了转型的瓶颈期,经济和产业

121

结构亟待调整,不仅学生就业难,全社会都存在就业难的问题。学校职业指导教师在当前就业形势下,首要任务就是引导学生正确认识当前就业形势,从激发职业内部动机的角度保持学生的信心,促使学生更多从职业本身的角度考虑就业问题。

很多人对现在的工作不满意,因为他只是将它看成了一个工作,并没有强烈的动机,不觉得它是自己的一份事业,不知道自己要什么。因此,你的职业规划是否能达到你的职业要求,你的动机很重要。一个人只有强烈的想要得到某一样东西的时候,他才会奋发图强,昼夜不停息。

(三)学习身边榜样,提高自身素养

在动机培养方面的榜样有两类可以借鉴:一类是从事所学专业对应职业群的成功者,要了解他们具有哪些与职业要求相符的职业动机特点。另一类是原有性格与现在从事职业不相符的成功者,要了解他们调适和完善自己性格的动力所在,以及调适的方法和措施。有了这两类榜样,学习就既有目标,又有方法了。这些榜样就在身边,比如父母、亲友、早期毕业的杰出校友等。职业动机培养需要根据所学专业对应的职业群对从业者的要求为目标,制定措施,严格要求自己,并需要一定的毅力去完成逐步提高自身素养的过程。

(四)实践活动磨炼,职业岗位完善

职业动机的形成离不开积极的职业实践活动。职业院校的学生应该在专业课的学习中,在社会实践中以及校园活动中,抓住一切可以利用的机会,主动参与相关职业的实践锻炼活动,从而去了解所学专业,了解所学专业相关职业群对从业者职业动机的要求,不断调适和完善自己的职业动机,提高对所学专业的适应能力,为将来走上工作岗位做好充分的准备。

总之,职业动机与职业的关系十分密切并且相互作用。在职业选择中,择业者应重视这种关系,充分考虑职业动机与职业的适应性,同时也要依靠实践活动培养和改善自身适应职业要求的性格特征,使职业动机与职业达到完美的统一。

122

【职业成就动机测评】

一、测评量表

成就动机是指一个人所具有的试图追求和达到目标的驱动力。如果你拥有这种能力,那么你就会得到自我的得升。你的成就动机如何? 通过下面这个测试可以略知一二。

1. 公司突然停电,你会:

   A. 帮忙查明停电原因并设法解决

   B. 等人维修后继续工作

   C. 反正停电,不如出去歇歇

2. 你认为驾车应该:

   A. 能开多快开多快,享受高速快感

   B. 只不过开车而已

   C. 悠游看风景

3. 你认为一个人在事业上的成功,主要取决于:

   A. 命运和机遇

   B. 自身奋斗

   C. 两样都有

4. 对于失败,你的理解是:

   A. 羞辱、挫折

   B. 不巧,偏偏选中你

   C. 是一个有价值的教训

5. 你现在的工作态度是:

   A. 要出人头地

   B. 干得和大家差不多就行了

   C. 做得比别人好一点点

6. 你在公司暗恋的对象被人追求,你会:

   A. 当无事发生

   B. 誓要把心爱的人抢到手

   C. 另选第二个目标

7. 你的部门刚好有一个管理职位的空缺,你认为自己可以胜任,你会:

A. 当仁不让,积极争取

B. 等上司钦点

C. 有得做就做,没得做就算

8. 当你在工作上遇到困难时,你会:

A. 想办法自己解决

B. 选择逃避

C. 求助他人

9. "要赢人,先要赢自己",你认为:

A. 是真理

B. 未必人人做得到

C. 十分老套

10. 以下哪种工作你最向往?

A. 轻轻松松下午 5 时下班

B. 新奇刺激,充满挑战

C. 有权有势做统帅

二、评分方法与结果分析

按照以下标准给自己打分:

1 题:A(3分) B(2分) C(1分)

2 题:A(3分) B(1分) C(2分)

3 题:A(1分) B(3分) C(2分)

4 题:A(1分) B(2分) C(3分)

5 题:A(3分) B(1分) C(2分)

6 题:A(1分) B(3分) C(2分)

7 题:A(3分) B(1分) C(2分)

8 题:A(3分) B(1分) C(2分)

9 题:A(3分) B(2分) C(1分)

10 题:A(1分) B(3分) C(2分)

把你所得到的分数相加。

如果你的得分在 26～30 分之间,那么你的成就动机很强烈;如果你的得分在 16～25 分之间,那么你的成就动机还不错;如果你的得分在 10～15 分之间,那么你缺少成就动机。

第六章　职业态度

　　个人的职业态度,对其职业选择的行为有所影响,观念正确、心态健全的人,对职业的选择较积极、慎重,作出正确选择的机会较大,相反地,观念不正确、心态不健全的人,对职业的选择具有推诿搪塞、轻忽草率及宿命论的倾向。

第一节　态度的内涵

一、态度的概念

　　态度是通过学习形成的影响个体行为选择的内部状态,是由认知因素、情感因素和行为倾向因素所构成的。态度作为通过学习形成的影响个体行为的内部准备状态,会对个体的心理和行为产生深刻的影响。首先,个体心理所持有的价值观,往往可能通过态度表现出来;其次,态度具有条件功能,即态度积极与否,会影响个体的行为操作,进而影响学习效率;最后,态度具有过滤功能,即人们总是接受与个体态度一致的信息,拒绝与个体态度不一致的信息。

　　态度中的内在感受是指人们对事物存在的价值或必要性的认识,它包括道德观和价值观,价值观以得可偿失为条件来影响人们的行为,而道德观则能使人们不惜任何代价甚至是不惜生命来达到一些目标目的;态度中的情感是和人的社会性需要相联系的一种较复杂而又稳定的评价和体验,它包括道德感和价值感两个方面;意向是指人们对待或处理客观事物的活动,是人们的欲望、愿望、希望、意图等行为的反应倾向。

二、态度的特性与构成

(一)态度的特性
　　1.对象性:态度是有对象的,它总是针对某种事物的。
　　2.评价性:态度具有评价性,它意味着是否赞同该事物。

127

3.稳定性：态度相对于情绪具有稳定性，它是一种对事物比较持久的而不是偶然的倾向。

4.内在性：态度是个体内在的心理状态，往往不能为别人所直接观察到，但它最终会通过当事人的言行表现出来。

（二）态度的构成

态度是人们在自身道德观和价值观基础上对事物的评价和行为倾向。态度表现于对外界事物的内在感受（道德观和价值观）、情感（即"喜欢—厌恶"、"爱—恨"等）和意向（谋虑、企图等）三方面的构成要素。

激发态度中的任何一个表现要素，都会引发另外两个要素的相应反应，这也就是感受、情感、和意向这三个要素的协调一致性。一般来说，态度的各个成分之间是协调一致的，但在他们不协调时，情感成分往往占有主导地位，决定态度的基本取向与行为倾向。

三、态度的功能与维度

（一）态度的功能

为什么人们产生某种态度而不产生另一种态度，可能在于它是为一定的心理功能服务的。心理学家认为，态度具有如下功能。

1.适应功能：这种功能使得人们寻求酬赏与他人的赞许，形成那些与他人要求一致并与奖励联系在一起的态度，而避免那些与惩罚相联系的态度。如孩子们对父母的态度就是适应功能的最好表现。

2.认知功能：从认知心理学的观点出发，态度有助于我们组织有关的知识，从而使世界变得有意义。对有助于我们获得知识的态度对象，我们更可能给予积极的态度，这一点相当于认知图式的功能。

3.自我防御功能：态度除了有助于人们获得奖励和知识外，也有助于人们应付情绪冲突和保护自尊，这种观念来自于精神分析的原则。比如某个人工作能力低，但他却经常抱怨同事和领导，实际上他的这种负性态度让他可以掩盖真正的原因，即他的能力值得怀疑。

4.价值表现功能：态度还有助于人们表达自我概念中的核心价值，比如一个青年人对志愿者的工作持有积极的态度，那是因为这些活动可以使他表达自己的社会责任感，而这种责任感恰恰是他自我概念的核心，表达这种态度能使他获得内在的满足。

（二）态度的维度

1.方向：即态度指向，个体对态度对象是肯定指向还是否定指向。包括是

与否、赞同与反对、接纳与拒绝、喜欢与厌恶;

2.强度:即态度方向的强度;

3.深度:即个体对态度对象的卷入程度;

4.向中度:即某种态度在其整个态度价值体系中的核心程度;

5.外显度:即某种态度在其行为方式和行为方向上的外露程度。

第二节　职业态度的内涵

职业态度就是个人对某种特定的职业的评价和比较持久的肯定或否定的心理反应倾向。职业态度主要是指从业人员对自己所从事职业的看法以及所表现的行为举止。职业态度包括选择方法、工作取向、独立决策能力与选择过程的观念,简而言之,职业态度就是指个人对职业选择所持的观念和态度。就其本质而言,职业态度就是劳动态度,它是从业人员对社会、对其他社会成员履行职业义务的基础,具有经济学和伦理学的双重意义。

职业态度除一般意义上的态度外,它还包括职业精神、敬业精神、创新精神、职业信念、职业道德等。因此,从业者走向社会能否就业、乐业、创业以及事业有成,从某种意义上说,很大程度上取决于是否具有正确的职业态度。

二、职业态度的形成

职业态度不是先天就有的,而是社会性学习的结果。职业态度是在家庭、社会和学校等不同情境的作用下,通过他人的社会示范、指示或忠告,将社会的要求内化为学生自己的态度,并在一定条件下产生迁移和改变。职业态度的形成同样要经过顺从、认同和内化这三个阶段。

(一)顺从

顺从是表面接受他人的意见或观点,在外显行为方面与他人一致,而认识与情感上与他人不一致。这时,个人的态度会受到外部奖励与惩罚的巨大影响,这种态度是由外在压力形成的,如果外在情境发生变化,态度也会随之变化。

职业教育或职业培训对学生的日常行为要求很严格,某些院校甚至引入企业的员工标准来要求学生。学生如果不遵守或者有所违纪,那么就会受到相应的"惩罚"。通过严格的纪律,帮助接受职业培训的学生逐渐养成良好的学习和生活习惯,以培养他们的职业态度,平稳实现从学校到工作岗位的过渡。

129

（二）认同

认同是在思想、情感和态度上主动接受他人的影响，比顺从深入一层。认同不受外压力的影响，而是主动接受他人或集体的影响。

职业教育或职业培训除了靠严格的校规校纪促使学生顺从而培养职业态度外，还利用校园文化和德育课堂对学生进行感化和熏陶，使得学生认识到什么才是好的态度，什么才是从事职业活动所需要的态度，学生在一系列校园活动中感同身受，逐步对外在的规范要求进行了认同，形成了"守时"、"守纪"的良好的职业态度。

（三）内化

内化是指在思想观念上与他人的思想观点一致，将自己所认同的思想和自己原有的观点、信念融为一体，构成一个完整的价值体系。由于在内化过程中解决了各种价值的矛盾和冲突，当个人按自己内化的价值行动时，会感到愉快和满意。而当出现了与自己的价值相反的行动时，会感到内疚、不愉快。这时，稳定的职业态度品德便形成了。

三、职业态度的特性

职业院校毕业生走向社会能否就业、乐业、创业，事业有成，很大程度上取决于是否具有正确的职业态度。综合归纳许多心理学家的观点，认为职业态度具有以下特点：

（一）社会性

职业态度并非生而有之，在职业成长过程中，通过社会环境的不断影响，通过与他人的相互作用而逐渐形成的。态度形成后，又反过来对外界事物、对他人发生反应，并且在这种反应过程中，又不断地修正他的态度，这样不断地循环，才形成并逐步巩固成一套比较完整的态度体系。

（二）间接性

态度是一种内在的心理体验，它虽然具有行为倾向但并不等于行为本身，所以职业态度本身不能直接观察到，只能从其言论、表情及行为中进行间接的分析和推理，才能了解。

（三）稳定性

态度一旦形成，将持续一段时间而不轻易改变，成为个性的一部分。在行为反应模式上表现出规律性，有利于从业者的社会适应。所以思想教育和思想引导工作，最好在职业态度还不稳定的阶段进行，因为那时态度尚未固定化，引进新的观念，容易促进态度的改变，而职业态度形成后再进行教育说服，困难就要大得多。

(四)价值性

价值观是职业态度的核心。对某一事物所持的态度,主要取决于该事物对其意义的大小,而对同一事物,不同人的态度有所不同,这取决于人的需要、兴趣、信念、世界观等个性倾向性。

(五)指导性

职业态度是对其职业的内在的稳定的心理预期和准备,对职业行为具有指导性和动力性影响,决定其行为的方向、方式和结果,同时职业态度如何,直接制约着其职业水平的发挥。

(六)协调性

态度所包含的认知、情感、意向这三种心理成分常常是协调一致的。有什么样的认知,就会产生什么样的情感以及与之相适应的行为倾向。认知因素是态度是基础,因此思想工作一般都是以讲道理开始来改变原有的态度,继而促使情感的转变导致新态度的形成。

四、职业态度的功能

(一)职业行为的心理准备

从心理学上来说,职业态度是一种内在的心理结构。包括职业认知、职业情感、职业意向三方面因素。职业认知是指个体对职业的认识和评价;职业情感是指个体对职业的感情倾注和情感体验;职业意向指个体对所从事或者即将从事的职业的反应倾向,即行为准备。大多数情况下,上述三种成分是相互协调一致的,认知是基础,情感是动力,意向取决于认识与情感,只要认知清了,情感增强了,做行动的思想准备也就随之而来。因此,态度的最终指向是人的行为。现代社会心理学的研究表明,职业态度是个体对涉及自身职业的各种外界刺激做出反应的"中介调节器",决定着对外界影响的判断和选择。以正确的价值观为基础的职业态度会对人的社会性认知、判断和行为产生积极影响。

(二)职业行为的动力系统

态度不是先天具有的,而是在人们不同的生活环境与经验中长期发展和形成的。态度一旦形成并巩固则具有相对的稳定性,而且某些重要的态度还可构成人们个性的一部分(如性格),从而影响人的职业责任感、职业表现、职业适应力和忍耐力。没有良好的职业态度就不可能对自己的职业表现出高度的责任感、全身心的投入和充分的创造性。

(三)职业行为的激励机制

心理学上著名的霍桑实验证实了工作效率主要取决于职工的工作态度和积极性,取决于职工的家庭和社会生活及组织中人与人的关系,也就是说重视人的因素所产生的效果远远超过了工作条件或物质因素所产生的效果。改善自我态度同样能调动人的自觉性、积极性和创造性。因此,一个人树立正确的职业态度的重要作用会远远大于物质的诱惑,例如有人甘愿放弃优厚的报酬而去做一名服务西部地区的志愿者。

第三节　职业态度的影响因素

一、影响职业态度的因素

职业态度是在人的社会化过程中逐步形成的,因此,它既受内部自我因素、职业因素的影响,又受家庭氛围、学校教育、社会环境等外部因素的影响,同时也受个体人格因素的影响。

(一)内部因素

1.自我因素

自我因素包括个人的兴趣、能力、抱负、价值观、自我期望等。职业态度的自我因素与职业发展过程有相当密切的关系,因为个人因素的形成多与其成长背景相关,个人价值观是在成长过程中一点一滴慢慢养成的。个人若能对自我的各项因素有深入的了解,将能了解何种职业较适合自己,较能做出明确的职业选择。个人在选择职业时所表现出来的态度,也是个人兴趣、能力、抱负、价值观、自我期望的一种反应的表现。但若只是依照自我因素来选择职业,有时难免会产生与社会格格不入的感觉,因此,在选择职业时仍必须考虑其他相关因素。

2.职业因素

职业因素包括职业市场的需求、职业的薪水待遇、工作环境、发展机会等。就理想而言,兴趣、期望、抱负,应该是个人选择职业的主要依据,但是,事实上,却必须同时兼顾自我能力,以及外在的社会环境、职业市场动态等。对职业世界有越深的认识,就越能够掌握真实准确的职业讯息,也可以获得比较切合实际的职业选择。相反地,对职业认知有限的人,甚至连何处有适合自己需求的工作机会都不清楚,更何况要做出明确的职业选择。因此,个人对职业的认知会影响到个人的职业态度。

（二）外部因素

1.家庭影响

家庭对孩子职业态度的影响是潜移默化的。家庭的经济状况、社会地位、家庭成员的素质等方面都对孩子职业价值观的形成具有一定的影响。父母的价值取向、教育方式和举止言行都会影响孩子的价值取向，影响他们对职业的评价和选择。父母对子女择业的影响，与其年龄和受教育程度有关。不论父母的学历高低、社会地位如何，大多数的父母都希望自己的子女能拥有比自己高的学历，从事比自己有发展的工作。因此，在做职业选择时，家人的意见通常会影响的个人的职业态度。父母的职业是影响青少年职业选择的直接因素，父母的职业态度不同，使得孩子的择业标准也存在着一定的差异。

2.学校教育

学生在学校所接受的专业教育直接影响着他们将来的职业选择，教师的职业态度和职业评价，对学生的职业认识也会产生很大的影响。学校是从业者学习知识、形成正确职业态度的主要场所，应有目的、有计划、有组织地进行系统的职业态度教育，它不仅是家庭教育的延伸，更是家庭教育的继续与提高。学校的职业意识教育是根据一定社会的要求，有目的、有计划、有组织地对受教育者施加影响，使其形成一定的职业意识和职业态度。

目前职业院校在就业指导过程中，重择业技巧和就业政策及就业信息的指导，而职业态度的教育相对薄弱，有些学校还根本没有开展相关的教育，把职业态度教育摆在可有可无的位置。从近几年来看，由于市场经济的负面效应，使得部分学生往往不能正确处理国家、集体和个人之间的利益关系，存在着"只讲实惠，盲目择业"的趋势。还有部分学生在求职择业中，不是因为缺乏择业技巧而碰壁，而是因为职业期望值过高，择业目标不切实际，因此碰壁而找不到工作。所以，教育和引导职业院校学生形成正确的职业态度应该是职业学校就业指导工作中的重要内容。

3.社会环境

社会环境主要包括同侪关系、社会地位、社会期望等因素。在职业发展的过程中，个人的最终目标是在其职业上能有所表现，有更多的人希望自己能成为社会中有身份、有地位的人，以目前的社会现象为例，一般人认为医生、律师、艺术家有较高的社会地位，清洁人员好像就是不入流的工作，虽然这并不是正确的观念，但或多或少也影响了个人的职业态度。

每一次社会环境的变化，职业结构都会相应地进行大的调整，使得人们的职业观念不断发生变化。职业态度具有时代性的特点,每一个时期不同的历史社会背景对青少年的职业价值观都有很大的影响,其中社会主导价值和社会舆论对其影响最大。社会环境作为一种客观因素,它对态度的改变起着强有力的作用。社会环境包括了社会中的各种事物,如社会制度、国家法律、社会群体、社会交往、社会舆论、风俗习惯等。当社会环境的某些因素发生变化时,个体的态度也随之逐渐会发生某些变化。社会环境变化越大,个体的态度变化也越大,甚至出现不一致性改变。

社会的急剧变化、市场经济体制的建立,促使社会价值观念出现多元化。任何一种价值观都与社会生活有着紧密的联系。以前,我国是高度集中计划经济,因此在职业价值观上非常强调集体主义的思想和全心全意为人民服务的精神。随着我国改革开放不断深入,市场经济体制逐步确立,竞争、协作深入到社会生活的各个领域,人们的生活发生了前所未有的变化,呈现经济成分和经济利益、社会生活方式、社会组织形式、就业岗位和就业形式多样化的发展趋势。而青年又是最活跃的一个社会群体,他们的行为往往是其所处的时代最及时的反映。职业院校学生职业价值观作为社会意识的一个重要组成部分,必然受到社会变化的影响。

4. 就业形势

近几年高校年年扩招,大学毕业生日俱增多,再加上国际金融危机的影响,就业形势不容乐观,除了部分技工类的人才相对紧缺外,其他职业院校学生就业形势日趋严峻。当前,职业院校的招生竞争呈现白热化,因此职业院校只有努力调动自身的积极性、主动性,促使专业设置和专业调整与市场需求接轨,才能不被市场所淘汰。

5. 群体影响

同辈群体是指年龄与社会地位相近者的结合体,其成员在年龄、心理特点、兴趣爱好和社会地位等方面都比较相近,并经常在一起进行直接的交往与互动。同辈群体的影响是非常深刻而且是经常性的,这种影响可能超过父母和教师带来的影响。因为在同辈群体中,群体成员间的关系显得亲密、经常,而且主要是平等相处,自然形成彼此相互模仿、相互认同与合作的群体氛围和团队精神,从而产生同群感、相融感,这就容易形成某种约定俗成的角色规范和价值观念。受这种角色规范和价值观念的影响,在职业选择的过程中,对职业评价表现出较强的价值认同,体现在职业价值观上就是有共同的价值倾向。

134

二、职业态度影响职业成就

(一)良好的职业态度

1.良好的职业态度体现

(1)安心

很多人干工作时心不安,这山望着那山高,总想找机会。说到底这是种投机心理,机会主义者的表现。要知道,工作有捷勤为径,钱海无涯专得益。成功人士,发财的人,大多是那些在职业上出类拔萃的人。这些人未必都喜爱自己的职业,却能安心工作。

(2)投入

光安心还不行,真正做好工作必须要投入,要忘我的投入,大汗淋漓地干,充满热情地工作。一般来说只有投入两年时间才能感受工作的价值,才能发现一个行业或领域的机会,才能使自己与工作之间建立和谐的关系,才知道自己真正擅长做什么事。

(3)持久

投入一个月不行,投入一年也不行,起码要投入两年以上,才能找到做事的规律和成功的感觉。充满热情的投入很重要,但坚持更重要。水滴石穿般地坚持下去,肯定能产生奇迹。

2.良好工作态度体现

(1)没有平凡,只有平庸

没有平凡工作,只有平庸态度。成就不全是靠能力,更重要的是靠态度。正确的态度是事业成功的关键,错误的态度让你和机遇擦肩而过。换一种态度,把职业当做事业。

(2)卓越工作,你我双赢

一个健康的企业,到处都有积极向上工作态度的员工,卓越的工作态度就是最强的竞争力,这样才能给企业带来骄人的业绩,企业也因此而辉煌发展。

(3)不找借口,值得欣赏

工作面前只有"yes"没有"no",工作中没有任何借口,就是对自己、对成功负责的态度。一切皆有可能,没有任何借口,激发潜能,遇见未知时,首先自己端正态度,消灭工作中的常见借口。

(4)任劳任怨,爱岗敬业

兢兢业业的态度最让人敬重,老黄牛的精神永不过时,牢记责任高于一切,忠诚不是单行道,付出必定有回报,把抱怨的时间和精力用于实干。感谢工作

135

吧,是你需要工作,而不是工作需要你。

(5)尽善尽美,精益求精

细节决定成败,工作无小事,尽善尽美是负责、主动、全力以赴等积极态度的集合。用100%的认真杜绝1%的错误,简单的招式练到极致就是绝招。

(6)善于合作,积极配合

宁做小蚂蚁,不做独行虎,精诚合作的态度最给人力量。除了才华和能力,你还要懂得合作,以一当十并不可怕,可怕的是以十当一。借力与合作,使弱者变强,强者更强,愿意与不同的团队成员默契配合。

现在,迈出6步,华丽转身。拥有你的卓越工作态度。

第1步:树立信念,为积极态度寻找一个支柱;

第2步:确定目标,给卓越态度一个起点;

第3步:点燃激情,让完美态度在方方面面蓬勃爆发;

第4步:自我改造,从积极思维中获得积极态度;

第5步:培养习惯,潜移默化地操纵积极态度;

第6步:积极行动,让你的态度落实在实践中,并获得丰收。

(二)职业态度决定职场命运

心态改变,态度跟着改变;态度改变,习惯跟着改变;习惯改变,性格跟着改变;性格改变,命运就跟着改变。决定一个人命运的并不是环境、资源、机遇等外界因素,关键在于一个人持有什么样的心态,良好的心态胜过一切。

1.不能选择命运,但可选择心态

心态是人的一切心理活动和状态的总和,是人对周围环境和社会生活的反映和体验,对一个人的思想、情感、需求、欲望有着决定性的影响。一个人对待工作、生活的心态,决定了他事业成就的大小和生活世界的颜色。

塑造积极心态,摆脱消极心态的束缚,不论处于何种环境和条件下都以正确的心态看待世界和人生,对待生活和工作,在压力下摆脱烦恼,在痛苦中找到快乐,在逆境中发现机遇,在失败中看到希望,从而掌控自己的命运航向,收获事业、财富、健康、幸福和成功。

工作成就不一定每个人都有,但工作态度必定每个人都有。常见的工作态度如下:

(1)有的人勤勤恳恳、积极进取、热情向上、精神抖擞、乐观豁达、勇争一流,总是以最积极的态度面对工作,包括困难和挫折,就算遭遇失败也总是脸上挂着微笑。

(2)有的人轻松悠闲、得过且过,做一天和尚撞一天钟,事不关己高高挂起,按时上班,到点走人,绝不在工作上多停留一秒,不求立大功,但求不出错。

(3)有的人永远悲观失望、抱怨不停,环境对他不公,他人与他为难,自己的不如意都是别人的错,工作就是痛苦加煎熬,完全没有一点乐趣。

(4)有的人自命不凡、夸夸其谈,嘴上什么都能做,手上做什么都不行,一遇到具体问题就卡壳,却还要时常做出一副怀才不遇的样子。

另外,还有很多人对工作持有各种各样的态度,比如投机取巧、马马虎虎、不思进取、推卸责任、循规蹈矩等等。

2.有什么样的心态,就有什么样的命运

决定命运的不是什么环境,不是什么能力,也不是什么机遇。而取决于什么样的心态。有什么样的心态,就有什么样的人生。心态决定一个人的财富、事业、幸福、健康,有什么样的心态,就有什么样的人生,心态决定命运。

积极的心态孕育成功的果实,消极的心态孕育失败的萌芽。每个人终其一生,总要遇到各种问题、烦恼、矛盾和困难,挫折和失败不可避免。面对人生的困局和障碍,不同的人会抱有不同的心态,从而也就导致两种有天壤之别的人生结局:成功的人生和失败的人生。

工作态度决定了一个人对职业的理解,决定了一个人的境界和精神,同时也决定一个人的职业发展和成就。我相信绝大多数人都愿意做好本职工作,但如果再安心投入一些,坚持地做下去,一定能成为真正的专家。成功者始终保持积极的心态,能在狂风暴雨中看到美丽的彩虹,在一败涂地中看到美好的未来,不断调整自我,奋发进取,最终登上成功的巅峰;失败者则持一种消极悲观的心态,心灵笼罩着阴霾,限制了自身潜能的发挥,人生最终走向灰暗的境地。

人往往在工作中遇到困难,在克服困难过程中,产生了勇气、坚毅的高尚品格。在任何情形之下,都不要允许自己对自己的工作表示厌恶,厌恶自己的工作,这是最坏的事情。如果你为环境所迫,而做着一些乏味的工作,你也应当设法从这乏味的工作中找出乐趣来。要懂得,凡是应当做而又必须做的事情,总要找出事情的乐趣来,这是我们对于工作应抱的态度。有了这种态度,无论做什么工作,都能有很好的成效。

各行各业都有发展才能、增进地位的机会。不论做任何事,务须竭尽全力,这种精神的有无可以决定一个人日后事业上的成功或失败。如果一个人领悟了通过全力工作来免除工作中辛劳的秘诀,那么他就掌握了达到成功的原理。倘若能处处以主动、努力的精神来工作,那么即便在最平庸的职业中,也能增加他的权威和财富。

137

第四节　职业态度的培养

心理学家认为职业价值是职业态度的核心。职业价值是指人们衡量社会上各种职业优势、意义、重要性的内心尺度。职业价值的核心是职业需要。职业价值观是人们根据自身需要对不同职业进行的价值判断。人们自身不同的需要决定了人们不同的职业价值观,职业价值观又决定着人们的职业态度,有什么样的职业价值观就会有什么样的职业态度。

我们不仅要重视从业者职业态度的培养,更要关注职业院校学生的职业态度培养。我国职业教育的培养目标是为国家输送大量应用型和操作型职业人才,职业院校学生的就业方向也基本定向在生产一线,或掌握某种专业技能的操作型的工作岗位。由于职业院校学生还未正式参加工作,他们的职业态度主要是指他们在选择具体工作时所采取的态度。因此,所谓职业院校学生的职业态度是指当前职业院校学生对他们即将从事的职业的看法、情感反应及行为反应倾向。职业院校学生在选择工作时所表现出来的比较稳定的、具有概括性的态度取向,影响到职业院校学生选择何种单位、对定向的职业岗位是否满意。教师应交给他们每人一把从业的金钥匙——职业态度。

一、转变职业观念

职业态度取决于个体对职业价值的认识和自身的职业追求。要培养学生良好的职业态度,必须特别注意宣传其即将从事的职业的特点和社会意义,既要帮助学生冲破传统职业观念的束缚,又要帮助学生排除市场经济下各种错误职业观的影响。

(一)树立正确的职业价值观

要帮助学生树立正确的职业价值观,正确看待职业差别。职业价值观是职业态度的核心。学生的职业取向易受社会评价的影响,当今社会职业评价的偏差是以拿钱的多少、工作的舒适与劳累程度作为评价职业优劣的标准。因此,要使学生树立正确的职业价值观,就必须引导其摒弃传统的"重脑轻体"和"服务行业低人一等"的观念,摒弃拜金主义、实用主义和利己主义的价值标准。我们要结合政治课教学,向学生宣传职业道德,宣传该职业的社会价值,宣传职业价值在于造福社会,从而使学生正确对待职业差别,热爱自己即将从事的职业。

(二)树立正确的职业目标观

帮助学生树立正确的职业目标观,立足本职岗位建功立业。职业技术学校的许多学生由于在升学考试中遭受挫折,上技校实属无奈,他们往往缺乏明确的职业追求。为此,我们要加强对学生的思想教育,要宣传"三百六十行,行行出状元","只有没出息的思想,没有没出息的工作"的道理,帮助他们驱散笼罩在心头的"灰色阴云",鼓励他们确定自己的职业目标,争取不久的将来在本职岗位上建功立业。学生在思想上有了明确的目标,行动上才会有良好的表现。

(三)树立正确的职业角色观

帮助学生树立正确的职业角色观,寻找竞争和道德的最佳结合点。要引导学生划清竞争进取、开拓创造与投机取巧、搞歪门邪道的界限,重在追求自身德、才、学、识整体素质的提高,坚决克服那种为追求个人功名利益而不择手段的极端个人主义,使每个学生都能正确选择并主动进入职业的德才兼备者的角色。

二、培养职业心态

职业心态是指在职业当中,应该根据职业的需求,表露出来的心理感情。即指职业活动中的各种对自己职业及其职业能否成功的心理反应。应培养以下职业心态:

(一)阳光心态

阳光心态不是得意的心态,而是一种不骄不躁、处乱不惊的平常心态。要有决心,决心是最最重要的积极心态,而不是环境在决定我们的命运。被动就是将命运交给别人安排,是消极等待机遇降临,一旦机遇不来,他就没办法。凡事都应主动,被动不会有任何收获。

(二)共赢心态

共赢的本质就是共同创造、共同进步,共赢是团队的内在气质。共赢强调发挥优势,尊重差异,合作互补。个人完不成的事业,团队可以完成。团队协作的收获往往要超过团队各成员单独努力所获的简单累加,超出的部分就是协作的超值回报。

(三)空杯心态

只有把水倒出来,才能装更多的水。空杯心态就是挑战自我,永不满足;空杯心态就是对自我的不断扬弃和否定;空杯心态就是不断清洗自己的大脑和心灵;空杯心态就是不断学习、与时俱进。

139

(四)老板心态

把老板的钱当成自己的钱,把老板的事当成自己的事,如果你是老板,目前这个项目是不是需要再考虑一下,再做投资的决定?如果你是老板,面对公司中无谓的浪费会不会采取必要的措施?如果你是老板,对自己的言行举止是不是应该更加注意,以免造成不良的后果?

(五)感恩心态

对别人心怀感恩,对周围的一切心怀感激。感恩是一种追求幸福的过程和生活方式;感恩是一种利人利己的责任;感恩让我们坦然面对工作中的起伏、挫折和困难。

(六)成功心态

第一是敏锐的目光,第二是果敢的行动,第三是持续的毅力。用你敏锐的目光去发现机遇,用你果敢的行动去抓住机遇,用你持续的毅力把机遇变成真正的成功。

三、加强职业指导

职业指导是随着经济社会和职业的发展应运而生的。职业指导亦称职业咨询或就业指导,指根据社会职业需要针对人们的个人特点以及社会与家庭环境等条件,引导他们较为恰当地确定职业定向、选择劳动岗位或者转到新的职业领域的社会活动,是沟通求职者和用人单位、教育部门和社会的有效途径。

(一)正确理解职业指导

职业指导就是帮助学生和社会求职者了解社会就业形势与当前就业状况,了解社会人才需求和有关人事与劳动政策法规,认识自己的职业兴趣、职业能力与个性特点的过程,运用职业评价分析、调查访谈、心理测量方法和手段,依据市场人才供求,按照求职择业者个人条件与求职意愿以及单位用人要求,提供咨询、指导和帮助,实现人职合理匹配的过程。职业指导可以从以下几个方面来理解:

1.职业指导是一个教育过程,本质上属于思想教育的范畴,是学校教育的重要组成部分;

2.职业指导的目标是让学生学会设计、学会选择,实现人职的科学匹配;

3.职业指导的内容是给予学生职业意识、职业理想和职业道德教育;

4.职业指导帮助学生了解职业信息,提供就业咨询和服务。

(二)规范职业指导方式

1. 教育培训指导

在发达国家里,科学知识及其应用成为经济和生产力发展的重要支柱,由于系统的科学知识在职业劳动中所起的作用越来越大,个人要适应职业劳动的需要就必须借助于系统的学校教育。面对工业化生产条件下日益多样和复杂的社会职业,学校教育开始发挥选择、分配社会成员职业的作用。教育资历的高低,可以影响个人不同的职业层次;学校与专业的选择,可以规定个人职业选择的范围,正如日本学者所概述的那样"现代学校作为实施广义职业教育以及适应职业制度需要选拔人才的最有力的社会机构,发挥着它的功能"。在工业化程度较高的国家都十分注重通过学校发挥职业指导教育的作用。

2. 生涯规划指导

职业生涯规划是现代人必备的人生计划与安排。职业生涯规划又称职业生涯设计,是指个人与组织相结合,在对一个人职业生涯的主客观条件进行测定、分析、总结的基础上,对其兴趣、爱好、能力、特点进行综合分析与权衡,并结合时代特点和被规划者的职业倾向,确定其最佳的职业奋斗目标,并为实现这一目标做出行之有效的安排。该规划具有持久性、稳定性和调整性等特点。学生要根据职业认知和自己的实际情况,制定出一份属于自己的职业规划。

学校则应从学生一入学开始,就加强学生的职业规划教育和指导,将此类课程列入正常的教学计划,伴随学业始终。学校要坚持集中授课指导与个别辅导相结合,积极运用最新的心理学职业倾向测试工具,对每一名学生进行职业倾向测试,掌握学生的秉性、特长、兴趣和爱好。据此开展针对性的指导,使指导工作更具科学性、合理性,更符合学生个体的实际。建立学生成长档案,分析学生的优势与不足。帮助学生摆正心态,切勿好高骛远,不切实际。

3. 咨询服务指导

提供职业咨询,开发职业潜力;引导树立正确的就业观念和用人观念;指导设计职业生涯;提高求职和招聘用人技巧。目前,全国各地开展了对求职者和用人单位的职业指导工作,建起了职业指导室,配备了职业指导员,在职业介绍的过程中,增加了职业指导的程序,希望通过职业指导,使就业服务工作更有效果和效率。他们利用职业指导技术帮助下岗失业人员转变就业观念,帮助他们了解自我,了解职业,以更加理智的态度去择业等等。同时,一批规范的职业介绍机构和优秀职业指导人员脱颖而出,把职业指导工作推向了一个新的台阶。通过几年来的探索,职业指导工作目标更加明确。这个目标就是要紧密结合就业工作的实际,使之更加有效地促进就业,在就业服务工作中最大限度地发挥

141

它的作用。职业指导人员深刻地认识到,实施职业指导不仅是要推广一种技术,更重要的是在实施一种战略。

(三)提高师资水平

要提高职业指导工作的质量,必须加强职业教师队伍建设,提高职业指导教师的综合素质和专业化水平。使职业院校的职业指导工作在高素质教师的带动下,朝着规范化、科学化、正规化的方向发展。

1.建立专职队伍

要结合职业院校的实际情况,按照一定的师生比配备好专职的职业指导人员和职业指导课教师,最好能由学有专长或经验丰富的老师担任,以保证课程和指导活动的质量和效果。可通过引进、自修、送培等途径加强专职队伍的结构和素质建设,使他们能具备教育学、心理学、经济学、社会学、统计学、咨询学等方面的知识,真正成为职业指导方面的行家能手,促进职业指导人员的专业化和专家化。

2.发挥示范作用

加强职业指导兼职队伍的建设,班主任、德育教师、任课教师(特别是专业教师)是职业指导中的一支重要力量。以班主任来说,他们在主题班会、个别谈心、咨询、社会调查、社会实践等活动中起着十分重要的作用。任课教师则可在学科教学中挖掘职业指导内容对学生进行渗透式指导。

以教师的人格魅力感召学生。教师人格对学生具有极强的示范作用,高尚的人格给学生以良好的榜样示范和有效的教育感召。教师的思想、行为作风和品质,每时每刻都在感染、熏陶和影响着学生。教师人格会对学生产生强烈而持久的影响。因此,教师不仅要有系统精深的专业知识,而且要有高尚的师德。只有这样,才能使学生真正亲其师,信其道,遵其诲,效其行。职业院校教师凭着自己高尚的思想品德、良好的身心素质、卓越的才能,凭着自己塑造人才的艺术和严谨的工作作风、扎实的专业知识去教育学生,促使学生树立正确的价值观,进而影响到整个民族及其未来。

四、营造良好氛围

"随风潜入夜,润物细无声",环境对态度的影响常常是潜移默化的,要培养职业院校学生良好的职业态度,应该重视良好职业氛围的环境建设。

(一)学校氛围

学校应重视隐性教育,即通过无意识的心理活动与有意识的心理活动协同进行的教育。学校的气氛、结构以及组织会影响学生的态度和行为,这实际上是注重学校文化内涵的建设,即包括价值观念、情感气质、思维模式、活动形式等都是难以用文字或符号描述的文化。隐性教育是职业态度教育应该重视的一个非常重要的方式。校园的隐性文化会逐渐影响学生的观念,制约学生的行为习惯,学生在对校园环境的解读、理解中获得新的生活经验,产生意义的重构,从而使校园环境中所富有的客观精神转化为学生个体的主观态度。

(二)家庭氛围

优化家庭环境,为职业院校学生职业价值观教育提供良好的家庭氛围。家长作为子女成长中的导师和灵魂的奠基人,要想充分发挥家长言传身教的作用,必须不断提高自身的思想道德、科学文化等方面的素质,转变教育理念使家庭教育行为、教育方法从注重知识的灌输,向注重培养与塑造人的健全完整人格,具有良好人文素质与涵养的现代人方向转变。家长应该从社会对人才的需求出发,加强对子女的教育,引导他们确立适应市场经济发展的职业价值观念,克服择业过程中的盲目性,树立恰当的职业期望;要把个人的需要和自身价值的实现同社会需要联系起来。家长要积极配合学校、社会,使三者达到最大合力,共同推动职业价值观的教育。

总之,职业态度的形成或转变是一个长期、渐进甚至反复的过程。要有效地培养职业院校学生良好的职业态度,必须遵循职业院校学生心理发展规律,注意教育内容的适合性和梯度性,教育途径的开放性和实践性,教育方法的科学性和针对性;还要耐心细致地做好个别特殊学生的思想工作,用不同的"钥匙"开不同的"锁"。扎扎实实进行职业道德教育,培养学生良好的职业态度,使他们成为祖国现代化建设的合格人才。

【职业态度测评】

以下是单项选择题,A代表"非常赞同",B代表"比较赞同",C代表"不太赞同",D代表"不赞同"。

1.如果要你在生活愉快和富有之间选择,你总是选择生活快乐,因为你认为它最重要。

选择答案:A　B　C　D

2.如果某项工作非完成不可,你就会不管压力和困难有多大,都会努力去完成它。

选择答案:A　B　C　D

3.成败论英雄有时确实存在。

选择答案:A B C D

4.你容不得他人或者自己犯错误,一旦犯了,你会严厉批评或惩罚。

选择答案:A B C D

5.你非常看重名誉。

选择答案:A B C D

6.你的适应能力非常强。

选择答案:A B C D

7.只要是你决心做的事情,就会坚持到底。

选择答案:A B C D

8.如果别人把你看成身负重任的人,你会感到很高兴。

选择答案:A B C D

9.你有一些高消费的嗜好,并且你有能力承受和乐意承受这份消费。

选择答案:A B C D

10.如果你知道某个项目会有好的结果,你就很小心地将时间和精力花在这个项目上。

选择答案:A B C D

11.在一个团队里,你认为团队的成功比你个人的成功更重要。

选择答案:A B C D

12.你是一个认真的人,即使眼看赶不上进度了,你也不愿草率工作。

选择答案:A B C D

13.能够正确地表达你的意思,你会很高兴,但你必须确定别人是否能正确了解你。

选择答案:A B C D

14.你的工作情绪总是很高,精力充沛。

选择答案:A B C D

15.你并不看重所谓的"金点子",而更看重良好的判断和整体策划。

选择答案:A B C D

评分标准:

题号	答案	分值	答案	分值	答案	分值	答案	分值
1	A	0	B	1	C	2	D	3
2	A	3	B	2	C	1	D	0

题号	答案	分值	答案	分值	答案	分值	答案	分值
3	A	2	B	3	C	1	D	0
4	A	1	B	3	C	2	D	0
5	A	3	B	2	C	1	D	0
6	A	3	B	2	C	1	D	0
7	A	3	B	2	C	1	D	0
8	A	3	B	2	C	1	D	0
9	A	3	B	2	C	1	D	0
10	A	3	B	2	C	1	D	0
11	A	3	B	2	C	1	D	0
12	A	3	B	2	C	1	D	0
13	A	3	B	2	C	1	D	0
14	A	3	B	2	C	1	D	0
15	A	3	B	2	C	1	D	0

评价：

总分为 0～15 分,说明你成就欲望不强,你更看重家庭生活的美满与精神生活的充实。

总分为 16～30 分,说明你成就欲望较强,在事业与家庭之间,你会权衡利弊后作决定。

总分为 31～45 分,说明你成就欲望强烈,对名利、金钱、权力很看重,野心勃勃。

第七章　职业能力

　　人们常说:"人人都会唱歌,但能当音乐家的却是少数。"各种职业的工作性质、社会责任、工作内容、工作方式、服务对象和服务手段不同,决定了它对从业者能力有不同要求。运动健将、会计师、律师、服装模特都有会做饭的,但要让他们当一名合格的厨师,肯定还有差距。这是因为,社会上所有不同职业都存在一定的差异,而不同的职业为了保证该职业工作的顺利完成,便一定会要求从业者必须具备该职业所需要的职业能力。

第一节　能力的内涵

一、能力的概念

　　能力是指人们成功地完成某种活动所必需具备的个性心理特征,是从事一定社会实践活动的本领。第一,能力是人的综合素质在行为上的外在表现,素质是能力的内在基础,是人的本质力量;第二,能力是指人驾驭活动本领的大小和熟练程度,是人在某种实际行动和现实活动中表现出来的、可以实际观察和确认的实际能量;第三,能力是指人的实际工作表现及其所达到的实际成效;第四,能力是实现人的价值的有效方式,是左右社会发展和人生命运的积极力量。

　　能力是指人的综合素质的外在表现,是从一个人所从事的活动中表现出来的智、情、意诸方面的力量,包括个人的体能、实践能力、态度动机、经验、知识、个人品质等方面的内容。现实生活中,每个人的能力是不相同的。有人运算敏捷,思路灵活,人们就说他运算能力强;有人过目成诵,记忆敏捷牢固,大家就夸他有惊人的记忆力;有人富于幻想和想象,有很高的创造能力;有人擅长组织管理,具有较强的组织能力;有人擅长音乐和绘画,有较高的艺术才能等。

(一)能力与知识

1.能力与知识的区别

知识是人类经验的总结和概括;能力是一个人比较稳定的个性心理特征,它表现在人们掌握知识和技能的难易、快慢、深浅、巩固程度以及应用知识解决实际问题等方面。一般来说,能力的形成和发展远较知识的获得要慢。

2.能力与知识的联系

一方面,能力是在掌握知识的过程中形成和发展的,离开了学习和训练,任何能力都不可能发展;另一方面,掌握知识又必须以一定的能力为前提,能力是掌握知识的内在条件和可能性。但是,能力与知识的发展并不是完全一致的。在不同的人身上可能具有相等的知识,但他们的能力不一定是相等水平的;而具有同样水平能力的人也不一定有同等水平的知识。

(二)能力与活动

能力是人们顺利完成某种活动所必备的个性心理特征。任何一种活动都要求参与者具备一定的能力,而且能力直接影响着活动的效率。

能力总是和人完成一定的活动相联系的。离开了具体活动既不能表现人的能力,也不能发展人的能力。例如,搞外交工作,要具有灵活而敏捷的思维、较好的语言表达、较强的记忆等能力;从事管理工作,要具备一定的组织、交际、宣传说服等能力。只有在能力上足以胜任工作,才能取得良好的工作绩效。否则,工作就不能顺利进行。

1.能力与活动紧密联系

一个人的能力总是和人的某种活动相联系,并在活动中形成、发展和表现出来。只有通过活动才能表现出人的能力和发展人的能力。例如,在教学活动中,教学组织能力强的教师往往能使课堂秩序井然、生动活泼,在一定的时间内较好地完成教学任务。另一方面,从事某种活动又必须有一定的能力作为条件和保证。如学习活动就需要感知能力、认识能力、学习能力、记忆能力、解题能力、阅读能力、语言表达能力等;文艺创作活动需要观察、思维、表象、创造想象和写作能力等。人若离开活动,其能力不仅无法形成而且也失去其存在的意义。

2.能力是完成活动的必要条件

能力是顺利完成活动直接有效的可能性心理特征,但是,在活动中表现出来的心理特征并不都是能力。比如,有的人在活动中表现出情绪稳定,富有耐心;而有的人表现出性格急躁,快言快语。这些心理特征都有可能影响人顺利地完成某种活动,但不一定是完成活动所必需的。拿教师教学活动来说,对其有影响的心理条件就很多。如目的与动机,立场与观点,兴趣与爱好,理想、信念、世界观等个性意识倾向性的特点;活泼好动与沉着冷静,急躁与温和,内向与外向等气质特征;谦虚与骄傲,热情与冷漠,勤奋与懒惰,细心与粗心,克己奉公与自私自利等性格特征,上述这些特征对完成活动都有不同作用,但这些特征不能直接决定活动的完成,不是完成活动的可能性特征。只有观察能力、判断能力、创造性的思维能力、想象力、注意力分配和转移的能力、组织能力、生动形象的有感情的语言表达能力和进行思想品德教育的能力等,才是成功地进行教育工作必备的心理条件,才属于个性的能力特征范畴。

3. 能力是保证活动成功的基本条件

活动能否顺利进行往往还与人的整个个性特点、知识技能、外部条件、健康状况等因素有关。在其他条件相同的情况下,能力强者较能力弱者更容易使活动顺利进行并取得成功。

顺利完成某种活动,不是单一能力所能胜任的,而是需要多种能力的结合。如数学才能的基本组成部分就分为对数学材料的迅速而广泛的概括能力,解决数学问题时敏捷的思维推理能力,熟练的数学运算能力;画家的活动则必须有观察力、形象记忆力、彩色鉴别力、视觉想象力等的结合;音乐家的活动必须具有听觉记忆力、曲调感、节奏感、音乐想象力等能力的结合。为了顺利地完成某种活动,多种能力的独特的有机结合,我们称之为才能。如果一个人的各种能力在活动中达到了最完备的发展和结合,能创造性地完成某一领域或多种活动任务,通常被称为天才。天才不是天生的,它是人凭借先天获得的生理条件,在环境教育的影响下,加上主观努力而逐渐发展起来的。

4. 能力直接影响活动效率

保证人们顺利完成某种活动所必需的个性心理特征。能力是与人的活动密切相关的,一方面,人的能力在活动中形成、发展并且在活动中表现出来,如学习能力、认识能力、组织能力等;另一方面,具有某些能力就能够顺利完成某些活动,能力的强弱决定活动效率的高低,所以,从事某种活动又必须以一定的能力为前提条件。将能力以不同标准进行分类,一般可分为一般能力和特殊能力,模仿能力和创造能力,优势能力和非优势能力等等。

二、能力的分类

(一)按照倾向性划分

1. 一般能力

一般能力也称普通能力。它是指人从事一切活动所必需具备的一些基本能力,如观察力、记忆力、注意力、想象力和思维力等。这些在认识活动中所表现出来的一般能力通常就叫智力。智力是人的认识活动中的一种具有多维结构的综合性能力,个体认识过程中的各种能力(即感觉能力、知觉与观察能力、记忆力、想象力、思维能力等)包括在智力的范围,其中抽象逻辑思维能力是智力的核心成分。创造性地解决新问题的能力是智力的高级表现形式。

2.特殊能力

特殊能力是指完成专业活动所特需的能力,是专指在某些专业和特殊职业活动中表现出来的一般能力的某些特殊方面的独特发展。如音乐能力、绘画能力、创作能力、飞行能力、表演能力等。

一般能力和特殊能力有机地联系在一起,一般能力的发展为特殊能力的发展创造了有利条件;而在活动中发展相应的特殊能力的同时也就发展了一般能力。许多研究表明,每种特殊才能都是由特定的活动所要求的多种基本能力的有机结合,而这些基本能力,也就是一般能力在具体活动中的特殊化或具体化。以数学才能为例,它的基本组成部分是:对数学材料的概括能力;对几何图形的空间想象力;数学命题能力;运算过程中的"简化"与"展开"能力;灵活的逆运算能力;以及数学定理公式的逻辑推理能力等。所有这些都是一般思维能力与想象力在特殊的数学运算活动中的具体表现。因而,在教学活动中我们既要发展学生的一般能力,也要培养学生的特殊能力,努力使学生的能力得到全面的发展。

(二)按照功能划分

1.认知能力

认知能力就是接收、加工、储存和应用信息的能力。一般认为,知觉、记忆、注意、思维和想象的能力都是认知能力。美国教育心理学家加涅在其学习结果分类中提出三种认知能力,即言语信息(回答世界是什么的问题的能力);智慧技能(回答为什么和怎么办的问题的能力);认知策略(有意识地调节与监控自己的认知加工过程的能力)。

2.操作能力

操作能力就是操纵、制作和运动的能力。它是在操作技能的基础上发展起来的,又成为顺利地掌握操作技能的重要条件。劳动能力、体育运动能力、艺术表现能力、实验操作能力等等被认为是操作能力。

3.社交能力

社交能力是在人们的社会交往活动中所表现出来的能力,如处理人际关系的能力、组织管理能力等。这是人们参加集体生活、与周围人保持良好的人际关系所不可缺少的能力。美国心理学家桑代克早已提出,人类有三种智力:抽象智力、具体智力和社会智力,他认为社会智力是处理人与人之间相互交往的能力。当代心理学家认为人们在社会交往活动过程中所表现出来的社交能力其实就包含有认知能力和操作能力。

(三)按照活动性质划分

1.模仿能力

模仿能力是指效仿他人的言行举止而引起的与之相类似的行为活动的能力。学习绘画时的临摹,学习写字时从字帖上仿效名家的书法,儿童仿效父母和教师的说话、表情等都是模仿。班杜拉认为:模仿不是先天的本能,而是在后天的社会化过程中,通过人与人之间相互影响而逐渐习得的。班杜拉认为,模仿有三种作用:使原有的行为巩固或改变,使原来潜伏而没有表现的行为得到表现,习得新的行为动作。

2.创造能力

创造能力是指产生新思想,发现和创造新事物的能力。它是成功地完成某种创造性活动所必需的条件。从拉丁词源上看,是指在一无所有的情况下,创造出新的东西。创造能力包含两个基本特征:独创性和价值性。但是对这两个基本特征的看法是有分歧的。例如,沃维伦等人认为,创造是提供对整个社会来说是独特而有意义的活动,人只有具备了这种能力才能说得上有创造能力。

(四)按照活动方式划分

1.基本能力

基本能力是指某些单因素能力,即主要通过大脑某一种功能完成的心理活动中表现出来的能力。例如,感知、记忆、思维、肌肉运动等能力。

2.综合能力

综合能力是由许多基本能力分工合作下完成的活动中表现出来的能力。例如,数学能力、音乐能力、管理能力等等,这些都是由某些基本能力结合而成的综合能力。

三、能力的差异

能力是个性心理特征之一,不同的人在能力方面是存在差异的,其差异一般表现在以下几个方面:

(一)类型差异

每个人所具有的能力都不仅仅是一种,而是多方面的。对于一个人来说,在他所具有的多种能力中,总有相对来说较强的能力,也有一般的能力和较差的能力,即每个人的能力都是多种能力以特定的结构结合在一起的。由于不同人的能力结构不同,因而能力在类型上便形成差异。如果进一步分析,每一种能力也有类型的差别。如记忆能力,有的人属于视觉型,即视觉识记效果较好;有的人属于听觉型,即听觉识记效果较好;有的人则属于运动型,即有动作参加时识记效果较好等等。

由于能力类型的差异,因而人们在实践活动中处理和解决问题的方式方法常常各不相同,虽然完成的是相同的任务,但往往是通过不同能力的综合来实现的。例如,两个管理者都很好地完成了管理工作,都表现出了良好的组织能力,但甲可能是通过综合个人的技术能力、人际交往能力和演说能力从而较好地实施了管理;乙可能是通过综合调查的能力、分析的能力和正确决策的能力,从而圆满地完成了管理任务。

(二)水平差异

能力水平的差异,是指人与人之间各种能力的发展程度不同,所具有的水平不同。例如,正常的人均具有记忆能力,但人与人之间的记忆力强度不同;正常的人也都有思维能力,但思维的广度和深度也不同。在心理学的研究中,有人把能力水平的差异分为四个等级。

1. 能力低下:轻者只能从事一些较简单的活动,重者即为白痴,丧失活动能力,甚至连生活也不能自理;

2. 能力一般:即所谓"中庸之才",有一定的专长,但是只限于一般地完成活动;

3. 才能:即具有较高水平的某种专长,具有一定的创造力,能较好地完成活动;

4. 天才:即具有高水平的专长,善于在活动中进行创造性思维,取得突出而优异的活动成果,达到常人难以达到的程度和水平。据调查,能力水平在人群中的分布是:能力低下者和天才极少,能力一般者占绝大多数,才能者较少。

人们的能力表现在时间上是存在差异的。有些人在童年时期就表现出某些方面的优异能力,即所谓的"早熟"。例如,我国唐朝初期的王勃,10岁能赋,少年时写了著名的《滕王阁序》。但也有些人的才能一直到很晚才表现出来,这就是所谓的"大器晚成"。例如,我国画家齐白石40岁才表现出他的绘画才能;达尔文在50多岁时才开始有研究成果,写出名著《物种起源》一书。造成这种现象的原因是多方面的,可能是由于这些人在早期没有学习或表现自己能力的机会;也可能是早期智力平常,但经过长期的勤奋努力,能力有了明显的提高。

另外,人们能力表现的方式也存在着差异。有些人所具有的某方面能力很容易表现出来,很容易为别人所了解;相反,有些人虽然具有某方面能力,但在他们从事这类活动之前,人们较难发现。造成这种情况的原因主要是人的气质和性格,一般来说,外向型的人所具有的能力较易被人发现;内向型的人所具有的能力则较难被人发现。

第二节　职业能力的内涵

一、职业能力的概念

职业能力是指顺利完成某种职业活动所必需的并影响活动效率的个性心理特征。职业能力是人的综合素质在职业活动中的外在表现,是在所从事的职业中表现出来的智、情、意诸方面的力量,包括个人的体能、实践能力、态度、动机、经验、知识、个人品质等方面的内容。主要体现了基本能力、职业岗位能力和综合职业能力。

基本能力主要包括思维能力,判断能力,自我调控能力,口头表达能力,写作能力,计算能力,计算机操作能力等。职业岗位能力主要包括职业素养,岗位工作任务的理解、分解和分析能力,岗位工作流程,工艺的把握能力和操作能力等。综合职业能力主要包括协调能力,社会适应能力,创业能力,自我发展能力,发现问题、分析问题和解决问题的能力,敬业精神,团队精神等。

二、职业能力的分类

职业能力是在学习活动和职业活动中发展起来的,直接影响职业活动效率,使职业活动得以顺利完成的个性心理特征。职业能力表现在相应的职业活动中。从事同一职业的人们,在其他条件相同的情况下,如果其职业兴趣、职业性格不同,会使他们的职业能力形成差异。职业能力以不同标准进行分类也可以分为许多种。

(一)一般职业能力

一般职业能力又称普通职业能力,是指人们从事不同职业活动所必需的共有职业能力,包括观察力、思维力、注意力、想象力和记忆力等。

1.观察力:一种有预定的目的、有计划、主动的知觉过程,是对事物全面细致的分析能力。观察力是一切知识的门户,在人类认识世界和改造世界的一切领域,它都起着重要的作用,观察力的差异主要体现在不同的观察类型上。

155

2.思维力:对事物的分析、综合、抽象、概括的能力。人认识事物,揭示其内在本质,发现其运动规律,靠的是思维。因此,思维是智力的核心。个体思维能力的差异,主要表现在思维的广阔性和深刻性、独立性和批判性、灵活性和敏捷性等方面。

3.注意力:人的心理活动对外界一定事物的集中和指向能力。注意力的差异主要表现在注意的范围、注意的分配、注意的稳定性和注意的转移等方面。

4.想象力:对头脑中已有的表象进行加工改造,创造新形象的能力。

5.记忆力:人们对过去经历过的事物识别、保持、再认识和回忆的能力。记忆品质主要体现在记忆的速度、准确性及提取和应用的灵活性等方面。

这些能力是每个人都具有的基础能力,与个人的认识活动相关。由于个人的知识、经验以及认识活动存在差异,所以他们所表现出的行为特征有所不同。一般职业能力通常表现为语文能力、数学能力、表达能力、交往与合作能力、自我控制能力、适应变化能力、自我反省能力、抗挫折能力、收集处理信息能力、审美能力、创新能力等。

(二)特殊职业能力

特殊职业能力又称专门职业能力,是指从事某一特定职业所必需具备的特殊的或较强的能力。是指在特殊活动领域内发生作用,完成某项专门活动所必需的能力。加拿大《职业分类词典》把特殊能力分为以下几个方面:

1.语言表达能力:对词及其含义的理解和使用能力,对句子、段落、篇章的理解能力,以及善于清楚而正确地表达自己的观点和介绍信息的能力。也就是理解能力和口头表达能力。教师、营业员、服务员、护士等职业要求必须具备较强的语言表达能力。

2.算术能力:迅速而准确地运算的能力。大部分职业都要求工作者有一定的算术能力,但不同的职业对人的算术能力要求的程度不同。例如,会计、出纳、统计、建筑师、药剂师等职业,就要求工作者必须具有较强的计算能力;律师、历史研究工作者、法官、护士等职业,应具备中等水平的计算能力;而演员、话务员、打字员、招待员、理发员等职业,对算术能力的要求则更低。

3.空间判断能力:能看懂几何图形,识别物体在空间运动中的联系,解决几何问题的能力。如果一个人爱好平面几何及立体几何,并学得很好,这个人的空间判断能力就强。与图纸、工程、建筑等打交道的工作,以及牙科医生、内外科医生等职业,对空间判断能力要求很高。对于裁缝、电工、木工、无线电修理工、机床工等职业,也要具有一定的空间判断能力;而对会计、出纳、服务员等,其空间判断能力就要求不高。

4. 形态知觉能力:对物体或图像的有关细节的知觉能力。如对图形的明暗、线的宽度和长度做出视角的区别和比较,能看出其细微的差异。对于生物学家、建筑师、测量员、制图员、农业技术人员、医生、兽医、药剂师、画家、无线电修理工来说,需要较强的形态知觉能力,而对于历史学家、政治学家、社会服务工作人员、招待员、售货员、办公室职员来说,形态知觉能力就不那么重要了。

5. 识别能力:对语言或表格或材料的细节的知觉能力,如发现错字或正确地校对数字的能力等。从事设计、经济、记账、出纳、办公室、打字等工作,都必须具备一定的识别能力。

6. 动作协调能力:能迅速准确和协调地做出精确的动作和运动反应的能力。对于驾驶员、飞行员、牙科医生、外科医生、雕刻家、运动员、舞蹈演员来说,这种能力显得尤其重要。

7. 手指灵活度:手指迅速准确和谐地操作小物体的能力。纺织工、打字员、裁缝、外科医生、五官科医生、护士、雕刻家、画家等职业,手指必须较一般人灵活。

8. 手的灵巧度:手指灵巧而迅速活动的能力。如体育运动员、舞蹈演员、画家、外科医生等,手必须灵巧地活动。

9. 眼、手、足协调能力:根据视觉刺激、手足配合活动的能力。

10. 颜色分辨能力:观察或识别相似或相异的色彩,或对相同色彩明暗效果的感知能力。包括识别特殊色彩、调和色或对比色以及正确配色的能力。

一般能力和特殊能力是有机地联系在一起的,一般能力是特殊能力的基础,特殊能力的发展又会促进一般能力的进步,只有在两者的共同作用下才能得以顺利进行。

第三节　职业能力的影响因素

一个人的能力怎样才能得到很好的发展?影响能力发展的客观因素有哪些?这些问题常常是追求上进的同学思索的内容。根据教育学、心理学研究结果,这些影响因素主要包括:生理因素、环境因素和教育因素。

一、影响职业能力的因素

(一)生理因素

先天素质是人的能力发展的自然前提和基础。素质是指人体天生具有的

157

某些解剖生理特点,它是指人的感觉器官、运动器官以及脑的结构形态和生物能力方面的特点。它是能力形成的前提条件。没有这个前提,就不能形成相应的能力。但是如果有先天素质却缺乏必要的教育和训练,能力也难以发展起来。从另一方面来看,即使一个人在素质方面存在某种缺陷,也可以借助于机能的补偿作用,扬长避短,使其他能力得到发展。神经系统的特性对于能力的发展具有一定的制约作用。神经过程强的人,能经受较强的刺激,精力充沛,注意力集中而持久;神经过程弱的人,在强烈的刺激下难以保持注意;神经过程灵活的人,有较大的知觉广度和思维的灵活性,他们较神经过程不灵活的人,在解决问题上可能快 2~3 倍。在充分承认素质在能力形成和发展中的作用的同时,必须指出素质不等于能力,也不能决定一个人的能力,它仅提供能力发展的可能性,良好的素质还必须通过后天的培育以及自身的努力才能得到更好的发展。

(二)环境因素

后天环境的影响,包括家庭的、学校的、社会的、时代的诸方面条件,对每个人职业能力的形成与培养都起着十分重要的作用。要把这种可能性变为现实性,还需通过后天的教育和实践活动及个人的勤奋努力。如果学生的家庭或自身所处环境的条件较好,会加速能力的发展。日常的观察表明,一些具有特殊才能的父母,由于教育得法,其子女这方面的能力发展较快。不过,这种情况也不是绝对的,有些学生的父母并无特殊才能,子女也得到了良好的发展,这也证实了能力还与个人的主观努力有关。

(三)教育因素

学校通过系统的知识、技能和道德规范的传授,形成学生的认识能力、实际操作能力和社会交往能力,这是其他任何活动不能替代的。此外,校内外的各种课外活动又扩大了学习的范围,使得同学们能够有针对性地发展自己的职业能力,所以一定要珍惜在校学习的时光。

职业能力的培养和发展主要靠主观努力和实践活动。人的主观努力是能力发展的极重要的条件。要形成与培养自己的职业能力,还应积极参加实践活动,这里包括社会实践、劳动实践及其他方面的实践活动。由于实践的性质不同,实践的广度与深度不同,就形成了各种不同的能力。

二、职业能力影响职业成就

影响个人职业成就的因素主要有四个,即:先天遗传优势;后天学习能力;职业选择路径;人际人才决策。这些因素能够互相加强彼此的作用,产生乘数效应。其中大部分因素在人生的不同阶段都有不同的重要性,当然先天遗传因素除外,这一因素从人的出生至死亡是相对恒定的。后天学习(即教育培养)也是一生中都很重要的因素,但在成长早年尤其关键。青年时职业选择开始变得重要。最后一个因素则是人际决策。一旦你完成了正式教育后踏入职场,人际决策就成了左右你职业成功的最重要因素。下面让我们来逐个考察这四大因素:

(一)先天遗传优势

先天因素持续扮演着重要角色。你的遗传构成决定了为什么有些事对你来说一学就会,而对其他人却异常困难。遗传因素会限制你某方面的能力,也会在另一方面为你打开一扇门。但遗传因素也不是绝对静止不变的。虽然以往的理论认为遗传因素在成功公式中是一个常量,但最新研究表明,即便是遗传特征也具有动态的性质。

(二)后天学习能力

后天学习是指一个人终其一生所进行的正式与非正式的学习,这是促进职业成功的强有力工具。人的发展潜力也受到明显的约束,因为你的学习能力部分取决于遗传因素。但在职业培训方面投入一定时间和精力能够显著提高你的能力,从而加大成功的可能性。人的学习能力确实会随着年龄老去而减弱。因此,随着年龄增长,接受培训的"成本/效益"比率也在发生微妙变化。

(三)职业选择路径

我们不应低估职业选择对于个人成功的影响。许多人在初入职场时,大家水平可能相差无几,但选择了迥然不同的工作环境,最终他们在职业成就上却有天壤之别,令人大为感叹。例如,在大学读本科时有不少天资聪颖、才华横溢的同学,只是他们在择业时犯了错误,选择加入了缺乏专业精神,或存在严重官僚主义的组织;时至今日,从职业成就来看,他们已远远落后于另一些本来才能差不多的同学,但这些人选择了更为明智的职业道路,所加入的组织也更具专业精神。简言之,明智的职业选择可成倍增大你自我努力的成果,从而是决定你职业成功的关键因素。

(四)能职适应原则

合理用人,从古至今都是成事的关键,也历来是管理的重要原则之一。作为现代管理者来说,这一点更为重要。现代管理特别强调:"只有无能的管理,没有无用的人才。"一个管理者只有根据职工的能力状况做到量才为用,才能把职工的作用最大限度地发挥出来,从而提高管理效率。具体来说,管理者在用人时,应注意以下原则:

159

1. 能职一致原则

每一种工作都对从事该工作的人的能力水平具有一定的要求,管理者在安排人员时,应尽量使职工本身所具有的能力与实际工作的要求相一致,这就是能职一致原则。在现实中,一个人所具有的能力如果低于实际工作所要求的水平,这个人会表现出无法胜任,给工作带来影响。但一个人所具有的能力水平如果高于实际工作的能力要求时,不仅浪费人才,而且本人不满足现状,因而工作效果也不佳。

美国心理学家布兰查特曾举过一个例子说明这个问题。美国建立第一个农业大工厂时,需要雇用一批保安人员,由于当时劳动力过剩,工厂规定雇用保安人员的最低标准为高中毕业生,并具有三年警察或工厂警卫的经验。但按这个标准雇用的保安人员工作后,感到所从事的工作单调、乏味,表示无法容忍,因而对工作漠不关心,不负责任,而且离职率很高。后来工厂雇用只受过四五年初等教育的人来担任这个工作,他们对工作满意,责任心强,缺勤率和离职率都很低,保卫工作做得很出色。这说明,人的能力低于或高于工作的要求时,都会影响工作的效果,只有二者达到一致,才能最有效地发挥人的作用。当然,在我们社会主义国家,我们应该教育职工服从社会的需要,能力偏低的人应通过刻苦勤奋来弥补自己能力的不足,努力做好工作;能力偏高的人,应该顾大局、识大体,做好本职工作。但是,作为管理者,在可能的情况下,应尽量使职工的能力与工作要求相一致,这样才能做到人尽其才。

2. 扬长避短原则

人的能力是多方面的,而且有着类型的差别。在使用人时,应该从人的"强项"出发,实现工作与长处的结合,使其较强的能力充分发挥出来,这就是能职优化组合原则。在用人时扬长避短,这是人所共知的道理,但在实际管理中做到这一点并非易事。因为人有所长,必有所短,而且常常是优点越突出缺点也越明显。

在现实中,有些管理者由于不能容其短,因而就难以展其长。或者由于被某些"反映"或"舆论"所左右,宁肯使用平庸而没有争议的人,也不敢起用有争议而才华突出的人。实际上,十全十美的人在世界上是没有的。鲁迅曾说:"倘要完全的书,天下可读的书,怕要绝无;倘要完全的人,天下配活的人也就有限。"美国管理学家杜拉克在《有效的经营者》一书中写到:"倘要所用的人没有短处,其结果至多是一个平平凡凡的组织。所谓'样样皆是,必然一无是处,才干越高的人,其缺点往往越明显。'……一位经营者如果仅能见人之短而不能用人之长,从而刻意挑其短而非着眼于展其长,则这样的经营者本身就是一位弱者。"他还特别举了林肯在南北战争中任命嗜酒贪杯的格兰特将军为总司令的事例。林肯知道喝酒可能误事,但他更知道格兰特是难得的帅才,所以他容忍了他的缺点而委以重任,事实证明,格兰特将军的受命,使南北战争出现了转折点。因此,作为管理者,应善于发现和发挥人的长处,尽力使每个职工所从事的工作,都是最能发挥其较强能力的工作。

3. 类型互补原则

在组建群体时,考虑成员间能力上的搭配与协调,使之在工作过程中能够配合默契,相互补充,这就是能力互补原则。坚持这一原则应考虑两方面的问题:

(1)人的能力是有类型差异的,而要圆满完成群体工作任务,实现组织目标,往往需要各种能力类型的人。因此,在组建工作群体时应考虑到各种能力类型的搭配与互补。群体成员应具有各不相同的特长,整个群体应尽可能具有各方面的专门人才,这样才能在具体工作中取长补短、相互配合,保证工作任务顺利完成。

(2)实际工作是分层次的,有管理与被管理、领导与被领导之分,有职责分工和级别的差异,而不同的工作对人能力水平的要求也不同。因此,在组建群体时应考虑到这种差异,尽可能使成员的能力有高低层次之分,按梯次结构搭配。这样,虽然单个人的能力可能并不很强,但群体内耗小,因而群体的整体力量却可以很大。在现实中,有些管理者认为,人才越多越有利于组织发展,所以,总是千方百计聚集人才。但是,如果人才超过了实际工作的需要,常常会适得其反。在一个群体中,成员的能力水平都很高,往往不如能力水平有层次更有利于相互配合、协调与互补。

总之,在群体中,只有能力类型齐全,能力水平有层次,才最有利于整体功能的发挥。

第四节 职业能力的培养

职业能力的培养与开发无论对个体和社会,都有着极其重要的意义。从学生的成就差异可以发现,具有相同智力水平的学生,后来的能力发展水平却可能截然不同。其原因主要是在校期间的主观努力不同所致。在校期间应当怎样发展和培养自己的职业能力呢?

一、自我培养

就个体而言,培养与开发职业能力,主要是适应。飞速发展变化的社会环境,客观上要求每一个人终生发展自我,以适应职业和社会生活的变化。在当前知识激增的时代,一个人不努力开发自己的职业能力,就面临着失业和被社会淘汰的危险,从这个意义上讲,个体的职业能力开发是社会发展的必然结果,也是个体适应社会生活的唯一方式。对于每一个人来说,其职业能力的形成都会经历从无到有、从弱到强的过程。个体应该根据自己择业目标的要求,有意识、有计划地提高自身的职业能力。

(一)处理好知识与能力关系

知识不等于能力,但它是顺利完成某种活动起定向作用的重要因素,是能力形成的基础。随着科学技术的不断进步,工作更多地向智力型发展,这就要求不仅会动手,而且更应当会动脑。要提高自己的思维判断能力,必须具有坚实的理论知识基础;只有认真学好每一门课程,全面掌握专业知识,我们的职业能力才能得到和谐发展。

(二)培养好专业与技能本领

高等职业技术院校的目标就是培养具有一定专业知识和技能的高级专门人才。很多现场实习指导教师反映,一些理论学习成绩很好的学生,到了实习岗位常常手足无措,不能把所学的理论知识与工作实际结合起来,个别同学的动手能力还比不上一些平时学习成绩较差的同学。这并不是说,学校的理论教学没有作用,而是我们学习中没有很好地把理论与实践联系起来。所以,在校学习期间,应当有意识地把所学习的理论知识用于解决实际问题。课余主动参加实践活动,这不仅有利于发展与职业能力相关的专业技能,而且能促进对专业理论知识的深入理解和牢固掌握。

(三)锻炼好意志与毅力品质

职业能力的发展需要客观条件,更需要学习者坚强的意志和毅力。在人的能力形成过程中,越接近成功,需要付出的代价就越大,因为这里有一个难以逾越的"高原期"。传说古希腊有一位杰出的政治家莫西尼斯自幼说话声音微弱,因口吃不能讲演。他就将卵石放在嘴里练习说话,并常面对大海波涛高声演说,这样长年坚持,终于把自己练就成为一位杰出的演说家。

(四)把握好优势与机遇环节

"虚心使人进步",在培养自身能力时要谦虚谨慎、脚踏实地;但虚心并不等于谨小慎微,胆小退缩。可以从很多事例看到,一个人即使具有某种优势能力,如果不主动参与活动,不善于捕捉施展能力的机遇,能力也难以得到良好的发展。学校里的社团活动,学校安排的学生自我管理、参与学校管理决策的活动,社区公益活动以及生产实践活动等等,都能为同学们提供施展才能的机遇。我们应当抓住机遇,积极参与,在实践中不断锻炼和发展自己的职业能力。

二、组织培养

就社会和组织而言,职业能力的开发与引导主要意义:第一是稳定,个体和社会是相互作用的,社会的发展促使个体开发自身的职业能力,而个体职业能力的开发在保证个体生活和工作稳定的同时也加强了社会的稳定。从这个角度讲,可以说"稳定"是开发职业能力最重要的意义。第二是发展,个体、职业组织、社会三者息息相关,个体的发展需要职业组织和社会提供机会和条件,职业组织的发展离不开个体的努力和社会的支持,而社会的发展更需要个体和职业组织的共同进步来体现。职业能力的开发促进了三者的良性循环,而最终是促进了社会发展。

(一)在职业实践中提高

职业能力是在长期的职业实践中逐渐形成的,通过自身努力是可以不断提高的。一方面在实践中要有意识地积累经验并予以升华,以指导自己的职业活动;另一方面,虚心向前辈学习,在职业能力的提高上可以产生事半功倍之效。工学结合以学校和企业合作作为具体表现形式,它与我国产学研合作、产教结合等都是基于教育体系层面的宏观概念,它以学生为主体对象,以应用技术能力培养为主线,以人文素质和职业素质培养为基础,坚持走培养目标与企业需求相结合、培养过程与工作过程相结合、培养方案与双证书相结合的道路,以最大限度拓展学生的动手能力、创新能力、创业能力和专业延伸能力为目标,实现受教育者德智体和职业能力全面和谐发展。它强调企业参与培养的全过程,突出职业能力的培养,实现知识教育能力、素质训练的同步,注重学生职业生涯的发展。

职业能力是在实践的基础上得到发展和提高的,一个人长期从事某一专业劳动,能促使人的能力向高度专业化发展。例如,计算机文字录用人员,随着工作的熟练和经验的积累,录入的速度会越来越快,准确性也会越来越高。个体的职业能力只有在实际工作中才能不断得到发展、提高和强化。

(二)在专业学习中提升

个体职业能力的提高除了在实践中磨炼和提高之外,另外最有效的途径就是接受教育和培训。像我们所熟悉的职业教育、专科教育、大学本科教育、研究

163

生教育等,学生通过对有关知识和技能的掌握,对以后更好地胜任本职工作会有极大的帮助。

努力学习文化专业知识、增强科技意识、加强专业技能训练是提高职业能力的有效途径。学习文化专业知识的过程是提高职业能力的基础。一般职业能力和特殊职业能力的形成,渗透于文化课和专业课的学习过程中。在学习过程中不能只有学知识的意识,而缺乏提高能力的意识,不但要"学会",而且要"会学"。特别要重视专业技能的训练,专业技能训练不仅有利于特殊职业能力的强化,也有利于一般职业能力的形成。

(三)在潜能开发中强化

潜能的一般意义是指存在于身心深处,未被自己或他人觉察,也未得到开发和利用的潜在能力。每个人都蕴藏有不等的潜能,如果有意识地提高和拓宽自己的职业兴趣,加强自信心,去尝试一些未曾做过的,但有益于专业发展的事情,就有可能挖掘出自身的潜能。挖掘出自身的潜能不但有利于拓宽自己的职业适应范围,也是使职业生涯持续发展的重要因素之一。所以,每一个人都要重视挖掘自身的潜能,一旦发现自己可能具备某种潜能,就一定要有意识地去培养、锻炼和提高这种能力,使之转化为自己职业能力的组成部分。在挖掘自身潜能的同时也要实事求是,千万不能把自己某种美好的愿望或幻想误以为是潜能。如果真的走进这样的误区,那也不可怕,只要虚心地听取别人的劝告,便会及时走出困境。

【职业能力倾向测评】

一、测评量表

下面是一个关于职业能力倾向的测试,本测试的目的是帮助你发现自己的职业能力倾向。请对下面的题目作出"是"或"否"的回答,并根据"评分方法与结果分析"来了解自己的职业能力倾向。

1.当你看到一本有关谋杀案的小说时,你常在作者未告诉你之前就知道谁是犯人吗?

2.你很少写错字、别字?

3.你宁愿参加音乐会而不愿待在家里闲聊?

4.楼上的画挂歪了,你会想去扶正吗?

5.你宁愿去读一些散文或小品而不去看小说?

6.你常记得自己看过或者听过的事吗?

7.宁愿少做几件事,但一定要做好,而不愿多做几件马马虎虎的事?

8.喜欢打牌或下棋?

9.对自己的预算均有控制?

10.喜欢研究钟、开关、马达发生效用的原因?

11.喜欢改变一下日常生活中的惯例,使自己有充裕的时间?

12.闲暇时,较喜欢参加一些运动,而不愿意看书?

13.对你来说,数学比较难?

14.你是否喜欢和比你年轻的人在一起?

15.你能列出 5 个你自认为够朋友的人吗?

16.对一般你可以办到的事是乐于帮助,而不是怕麻烦?

17.不喜欢太琐碎的工作?

18.看书看得快吗?

19.你相信"小心谨慎,稳扎稳打"是句至理名言吗?

20.你喜欢新朋友、新地方与新东西吗?

二、评分方法与结果分析

这个测试答案没有对错之分,只是看你的能力倾向。

1.圈出全部答"是"的答案。

2.算算前 10 项中有几个"是"的答案(第一组)。

3.算算后 10 项中有几个"是"的答案(第二组)。

比较这两组答案,如果第一组中的"是"比第二组多,那么表明你是个精深的人,能从事需要耐心、谨慎与研究的琐碎工作,诸如医生、律师、机械师、修理人员、编辑、工程师、技术人员、会计等。

如果第二组中的"是"比第一组多,那么表明你是个广博的人,最大的优势在于与人交往,你喜欢由他人来实现你的想法。你适合的工作包括人事、顾问、运动教练、服务员、推销员、广告宣传的执行者等。

如果你在两组答案中"是"大体相等,那就表明你不但能处理琐碎的事务,也能维护良好的人际关系。你适合的工作包括医生、护士、教师、秘书、美容师、艺术家、图书管理员等。

【职业能力测评】

一、测评量表

认真完成下面的"职业能力测评表",并结合自己的实际情况对自己的职业作一个展望性选择。(请每一个受测者按照"很弱"、"较弱"、"一般"、"较强"、"很强"的测评等级对各组中的每一项进行认真的自我评定,并按照测试题的要求对自己进行结果评测)

第一组

1.善于表达自己的观点

2.阅读速度快,并能抓住中心内容

3.清楚地向别人解释难懂的概念

4.对文章中的字、词、段落和篇章的理解和综合能力

5.掌握词汇量的程度

6.中学时的语文成绩

第二组

1.作出精确的测量

2.解算术应用题的能力

3.笔算能力

4.心算能力

5.使用工具(如计算器)进行计算的能力

6.中学时你的数学成绩

第三组

1.美术素描画的水平

2.画三维的立体图形能力

3.看几何图形的立体感

4.玩拼板游戏

5.对盒子展开后平面图的想象力

6.中学时你的立体几何成绩

第四组

1.发现相似图形中的细微差异

2. 识别物体的形状差异

3. 注意到多数人所忽视的物体的细节部分

4. 检查物体的细节

5. 观察图案是否正确

6. 中学时善于找出数学作业中的细小错误

第五组

1. 快而准确地抄写资料

2. 阅读中发现错别字

3. 发现计算错误

4. 发现图表中的细小错误

5. 在图书馆很快查找编码卡片

6. 自我控制能力

第六组

1. 劳动技术课中操作机器一类活动

2. 玩电子游戏机或瞄准打靶

3. 在广播操中集体的协调灵活性

4. 打球姿势的水平度

5. 打字比赛或算盘比赛的成绩

6. 闭眼单脚站立的平衡能力

第七组

1. 灵巧地使用手工工具（如锤子等）

2. 灵巧地使用很小的工具（如镊子等）

3. 弹乐器时手指的灵活度

4. 做小摇篮等手工品的动手能力

5. 很快地削水果

6. 修理、装配、编织、缝补等一类活动

第八组

1. 善于在陌生的场合发表自己的意见

2. 新场所结交新朋友

3. 口头表达能力

4. 善于与人友好交往、协同工作

5. 善于帮助别人

6. 善于做别人的思想工作

第九组

1.善于参加集体活动

2.在集体活动中能关心他人的情况

3.动脑筋想出好点子

4.冷静果断地处理突发事件

5.组织工作的水平

6.善于解决同事或同学间的矛盾

二、评分方法与结果分析

职业能力的评定常用"五级星表":很弱、较弱、一般、较强、很强。每级评定都有相应的权重参数,依次为 1 分、2 分、3 分、4 分和 5 分,将评定等级乘以权重参数,然后把 6 项数值加起来,再除以 6,就得到一组评定的等级分数。

第一组(G):一般学习能力;

第二组(N):数学逻辑能力;

第三组(S):空间判断能力;

第四组(P):形态知觉能力;

第五组(Q):资料处理能力;

第六组(K):运动协调能力;

第七组(A):艺术创作能力;

第八组(V):语言表达能力;

第九组(I):人际交往能力。

将各组按得分由高至低排序,分值靠前的几组就是你的职业能力强项,与"九项能力"对应的就是你的职业能力倾向和职业选择参考内容。

第八章 职业道德

当职业道德具体体现在一个人的职业生活中的时候,它就具体内化并表现为职业品格。职业品格包括职业理想、进取心、责任感、意志力、创新精神等等。在每一个成功的人身上,这些品质往往都得到了充分的体现。这些品质是支撑一个人理想大厦永远不倒的精神支柱。这些品质的发挥程度与精神生活的充实程度和事业的成功程度是紧密相连的。很难想象一个既没有职业理想,也没有进取心、责任感、意志力等品质的人能够在事业上有所成就。

第一节 价值观与职业价值观

若问什么是"好"工作,通常是仁智各见,莫衷一是。有人看重高薪,有人追求稳定,有人乐于竞争,有人安于清闲……什么样的工作因素会特别打动你,让你毅然选择某份工作? 在选择职业时,我们会考虑多个因素,但没有哪个工作能够满足所有的条件,而你最看重的又是什么? 这一点可能会左右自己的选择,这就是价值观。

一、价值观的内涵

价值涉及两个方面,一方面是主体的需要,另一方是客体的某种结构、属性,两者缺一不可。客体及其属性是价值的载体,如果没有这种载体,也就失去了价值的源头。但是如果这种载体不和人发生功能联系,也只能是纯粹的自然之物,只能是事实,而不表现为价值。只有当主体以自身的需要为基础,对它们的意义进行鉴定时,才表现为价值。如把利于满足主体需要的鸟称为益鸟;把不利于满足主体需要的鸟称为害鸟,其中的"益"和"害"都是相对于主体需要而言。

(一)价值观的概念

价值观是指个人对客观事物(包括人、物、事)及对自己的行为结果的意义、作用、效果和重要性的总体评价,是对什么是好的、什么是应该的总看法,是推动并指引一个人采取决定和行动的原则、标准,是个性心理结构的核心因素之一。它使人的行为带有稳定的倾向性。价值观是人用于区别好坏,分辨是非及其重要性的心理倾向体系。它反映人对客观事物的是非及重要性的评价,人不同于动物,动物只能被动适应环境,人不仅能认识世界是什么、怎么样和为什么,而且还知道应该做什么、选择什么,发现事物对自己的意义,设计自己,确定并实现奋斗目标。这些都是由每个人的价值观支配的。

价值观决定、调节、制约个性倾向中低层次的需要、动机、愿望等,它是人的动机和行为模式的统帅。人的价值观建立在需求的基础上,一旦确定则反过来影响调节人进一步的需求活动。人们对各种事物,如学习、劳动、享受、贡献、成就等,在心目中存在主次之分,对这些事物的轻重排序和好坏排序构成一个人的价值观体系。价值观体系是决定一个人行为及态度的基础。价值观受制于人生观和世界观,一个人的价值观是从出生开始,在家庭和社会的影响下,逐渐形成的,一个人价值观的形成受其所处的社会生产方式及经济地位的影响,这种影响是决定性的,在一定程度上是不可逆的。具有不同价值观的人会产生不同的态度和行为。

由于个人的身心条件、年龄阅历、教育状况、家庭影响、兴趣爱好等方面的不同,人们对各种职业有着不同的主观评价。从社会来讲,由于社会分工的发展和生产力水平的相对落后,各种职业在劳动性质的内容上,在劳动难度和强度上,在劳动条件和待遇上,在所有制形式和稳定性等诸多问题上,都存在着差别。再加上传统的思想观念等的影响,各类职业在人们心目中的声望地位便也有好坏高低之见,这些评价都形成了人的职业价值观,并影响着人们对就业方向和具体职业岗位的选择。

价值观是一种内心尺度。它凌驾于整个人性当中,支配着人的行为、态度、观察、信念、理解等,支配着人认识世界、明白事物对自己的意义和自我了解、自我定向、自我设计等;也为人自认为正当的行为提供充足的理由。我们这里考察的职业价值观,不是看人们如何看待"职业价值"的本质,而是注重探讨人们在职业选择和职业生活中,在众多的价值取向里,优先考虑哪种价值。

价值观代表一系列基本的信念:从个人或社会的角度来看,某种具体的行为类型或存在状态比与之相反的行为类型或存在状态更可取。这个定义包含着判断的成分,这些成分反映了一个人关于正确与错误、好与坏、可取与不可取的观念。价值观包括内容和强度两种属性。内容属性告诉人们某种方式的行为或存在状态是重要的;强度属性表明其重要程度。当我们根据强度来排列一个人的价值观时,就可以获得一个人的价值系统。每个人的价值观都是一个层次,这个层次形成了每个人的价值系统。这个系统通过我们赋予自由、快乐、自尊、诚实、服从、公平等观念的相对重要性程序而形成层次。

(二)价值观的特性

1.价值观是因人而异的

由于每个人的先天条件和后天环境不同,人生经历也不尽相同,每个人的价值观的形成会受到不同的影响。因此,每个人都有自己的价值观和价值观体系。在同样的客观条件下,具有不同价值观和价值观体系的人,其动机模式不同,产生的行为也不同。

2.价值观是相对稳定的

价值观是人们思想认识的深层基础,它形成了人们的世界观和人生观。它是随着人们认知能力的发展,在环境、教育的影响下,逐步培养而成的。人们的价值观一旦形成,便是相对稳定的,具有持久性。

3.价值观是可以改变的

由于环境的改变、经验的积累、知识的增长,人们的价值观有可能发生变化。

(三)价值观的类型

人们的生活和教育经历互不相同,因此价值观也多种多样。行为科学家格雷夫斯为了把错综复杂的价值观进行归类,曾对企业组织内各式人物做了大量调查,就他们的价值观和生活作风进行分析,最后概括出以下 7 个等级:

第一级,反应型:这种类型的人并不意识自己和周围的人是作为人类而存在的。他们是照着自己基本的生理需要做出反应,而不顾其他任何条件。这种人非常少见,实际等于婴儿。

第二级,部落型:这种类型的人依赖成性,服从于传统习惯和权势。

第三级,自我中心型:这种类型的人信仰冷酷的个人主义,自私和爱挑衅,主要服从于权力。

第四级,坚持己见型:这种类型的人对模棱两可的意见不能容忍,难于接受不同的价值观,希望别人接受他们的价值观。

第五级,玩弄权术型:这种类型的人通过摆弄别人,篡改事实,以达到个人目的,非常现实,积极争取地位和社会影响。

第六级,社交中心型:这种类型的人把被人喜爱和与人善处看作重于自己的发展,受现实主义、权力主义和坚持己见者的排斥。

第七级,存在主义型:这种类型的人能高度容忍模糊不清的意见和不同的观点，对制度和方针的僵化、空挂的职位、权力的强制使用，敢于直言。

（四）价值观的作用

价值观对人们自身行为的定向和调节起着非常重要的作用。价值观决定人的自我认识，它直接影响和决定一个人的理想、信念、生活目标和追求方向的性质。价值观的作用大致体现在以下两个方面：

1. 价值观对动机有导向的作用，人们行为的动机受价值观的支配和制约，价值观对动机模式有重要影响，在同样的客观条件下，具有不同价值观的人，其动机模式不同，产生的行为也不相同，动机的目的方向受价值观的支配，只要那些经过价值判断被认为是可取的，才能转换为行为的动机，并以此为目标引导人们的行为。

2. 价值观反映人们的认知和需求状况，价值观是人们对客观世界及行为结果的评价和看法。因而，它从某个方面反映了人们的人生观和价值观，反映了人的主观认知世界。

价值观是一种基本信念，它带有判断的色彩，代表了一个人对于什么是好、什么是对，以及什么会令人喜爱的意见。每一个求职者由于其所受教育的不同和所处的环境的差异，在职业取向上的目标和要求也是不相同的。在许多场合，我们往往要在的一些得失中作出选择，而左右我们选择的，往往就是我们的职业价值观。例如，是要工作舒适轻松，还是要高标准的工资待遇，要成就一番事业，还是要安稳太平；当两者有矛盾冲突时，最终影响我们决策的是存在于内心的职业价值观。

二、职业价值观的内涵

（一）职业价值观的概念

职业价值观是个人追求的与工作有关的目标，亦即个人的内在需求及在从事活动时所追求的工作特质或属性。它是人生价值观在职业问题上的反映。简言之就是一个人对于工作有关的客观事物的意义、重要性的评价和看法。不同的个体对职业的需要和看法各不相同，因而产生了各自不同的职业价值观。

美国施恩教授提出了职业锚的概念，实际就是人们选择和发展自己的职业时所围绕的中心，是指当一个人不得不做出选择的时候，他无论如何都不会放弃的职业中的那种至关重要的东西或价值观，是自我意向的一个习得部分。职业锚是个人同工作环境互动作用的产物，在实际工作中是不断调整的。职业锚以员工习得的工作经验为基础，产生于早期职业生涯。施恩最初提出的职业锚理论包括五种类型：自主型职业锚、创业型职业锚、管理能力型职业锚、技术职能型职业锚、安全型职业锚。在 90 年代,他又发现了三种类型的职业锚即安全稳定型、生活型和服务型职业锚。

（二）职业价值观的形成

金兹伯格的职业发展理论认为职业价值观形成主要有三个阶段:

1. 幻想阶段（11 岁前）

儿童的选择是不切实际,对于将来从事社会职业的考虑并不受个人能力以及能否实现所限制,只受需要支配。

2. 尝试阶段（11～18 岁）

青少年逐渐形成了自我意识,更加客观地认识自己的能力、兴趣、价值观,更现实地评价工作。

3. 现实阶段（18～20 岁）

个体开始从各种职业中根据职业的特点做出具体的职业选择,价值观成为影响职业选择的一个重要因素。

由此可见,对年龄处于 16～22 周岁的学生来说,职业价值观已从尝试阶段向现实阶段过渡。因此,对学生的职业价值观进行教育和引导具有理论的依据。

（三）现代人职业价值观的特点

1. 重视才能发挥

随着就业难度的增加,青年学生对经济收入的预期也降低了不少,有时甚至和民工"同酬"。这一方面反映了择业心理日趋现实,而不是一味地追求物质利益。另一方面也说明青年更加注重工作给自己带来的成长,更愿意去那些能够展现自身能力的单位。职业价值观主要集中于工作稳定、有较好的社会地位、能够展现自己的才能、独立工作、良好的人际关系等方面。

2. 强调工作地点

青年学生择业地点选择上优先考虑沿海发达大城市。和小城市的安逸相比,竞争虽然更加激烈,生活可能更加艰辛,但是大城市所提供的机会毕竟是小城市无法提供的,是"英雄用武之地",同时也能获得更高的薪水,可谓"一举两得"。青年在择业取向上也倾向于选择那些更有利于自身发展的大城市。一方面期望未来的工作符合自己的特长爱好,在工作中能够施展自己的才华;另一方面也注重金钱物质方面的因素,期望将来的工作能够给自己和家人带来丰厚的物质生活。

3. 倾向自我决策

时代的发展使得青年学生在择业时更多地依赖自己。从收集信息到参加招聘会,而后笔试面试,都是自己在张罗。听取父母、老师等人的意见,然后自己决断,而不是依赖他人帮助自己选择。重视公平、尊重、发展、自由、责任、独立等职业价值。

总之,职业价值观体现了一个人真正想从工作中得到什么,它决定了个体对工作的相对稳定的、内在的追求,对于个体的职业选择与发展起着方向导引及动力维持的作用。

(四)职业价值观的完善

职业价值观一旦形成往往能够决定我们的职业追求,但它也会随着现实环境的变化而发生一些变化。对青年学生而言,进行职业生涯规划时既要看到职业价值观的稳定性和长远性,也要看到它的可变性和现实性。

1.职业价值观应符合社会现实

职业价值观探索之后,也需要将个人价值观同社会价值观在一定程度上相结合,既要知晓"我想要什么",也要符合"社会需要什么"。人是社会的,不可能离开社会而单独存在,社会价值是实现个人价值的基础,没有社会价值,人生的自我价值就无法实现。

一些刚刚走出校门没有任何工作经验的大学生,对工作的要求是进国企,做管理,当白领,成精英,这似乎有些不符合实际。人才市场中,市场销售是招人最多的职位,但也是很多人最不愿意选择的工作。所以,一个怪现象很自然地出现了:招人的部门没人去,想去的部门不招人。调查显示大学生最愿意去的依次是政府机关、事业机关、大型国企等。这表明大学生的职业价值观中对"声望地位"和"安全稳定"的看重,这是个人发展的必然要求,是无可厚非的,但是现阶段经济危机尚未平息,就业形势也非常严峻,职业追求与就业现实的落差需要我们及时调整观念。其实职业本无高低贵贱之分,职业声望并不是工作本身赋予的,而是靠自己争取获得的。

2.职业价值观应该经常审视澄清

随着我们所处的生涯发展阶段、社会环境的不同,我们的职业价值观也不断地修缮。如鲁迅弃医从文,就是自身职业价值观的修缮。

我们应该经常审视自己的职业价值观中是否有不太合理的地方。求职之前我们一定要认真地问问自己究竟想要怎样的工作,过怎样的生活。愿意竞争,追求成就,留在大城市打拼,那是可以的,如果只是受舆论或他人影响"宁要城里一张床,不要乡镇一套房",可能就不太成熟。此外,当今社会多元文化的冲击,也会导致原有价值观体系的混乱乃至改变。如今是"三百六十行,行行出状元"。因此,职业价值观需要不断地审视和澄清。

第二节 职业道德的内涵

在中国,道德从来就是"做人"的学问。职业道德是从一定职业的内在规律中引申出来的调节人与人之间关系的行为规范,是社会公德以各种公约、规则、条例等形式在职业生活中的具体体现。

一、职业道德的概念

良好的职业道德形成是通过长期教育和职业实践的结果,一个从业者只有学会"做人"的道理,才能规范自己的职业行为。职业道德教育不仅要传授一个较系统的知识体系,更重要的是使之形成一种职业道德的信念以及与此相适应的行为方式、生活方式。每个从业人员,不论是从事哪种职业,在职业活动中都要遵守职业道德。职业道德的涵义主要包括以下方面:

1. 职业道德是一种职业规范,受社会普遍的认可;
2. 职业道德是长期以来自然形成的;
3. 职业道德没有确定形式,通常体现为观念、习惯、信念等;
4. 职业道德依靠文化、内心信念和习惯,通过员工的自律实现;
5. 职业道德大多没有实质的约束力和强制力;
6. 职业道德的主要内容是对员工义务的要求;
7. 职业道德标准多元化,代表了不同企业可能具有不同的价值观;
8. 职业道德承载着企业文化和凝聚力,影响深远。

二、职业道德的特征

职业道德与各种职业要求和职业生活结合,具有较强的稳定性和连续性,形成比较稳定的职业心理和职业习惯,以致在很大程度上改变人们在学校生活阶段和少年生活阶段所形成的品行,影响道德主体的道德风貌。职业道德还具有如下特性:

(一)职业性

职业道德的内容与职业实践活动紧密相连,反映着特定职业活动对从业人员行为的道德要求。每一种职业道德都只能规范本行业从业人员的职业行为,在特定的职业范围内发挥作用。

(二)实践性

职业行为过程,就是职业实践过程,只有在实践过程中,才能体现出职业道德的水准。职业道德的作用是调整职业关系,对从业人员职业活动的具体行为进行规范,解决现实生活中的具体道德冲突。

(三)继承性

在长期实践过程中形成的,会被作为经验和传统继承下来。即使在不同的社会经济发展阶段,同样一种职业因服务对象、服务手段、职业利益、职业责任和义务相对稳定,职业行为的道德要求的核心内容将被继承和发扬,从而形成了被不同社会发展阶段普遍认同的职业道德规范。

(四)多样性

不同的行业和不同的职业,有不同的职业道德标准。

三、职业道德的作用

职业道德是社会道德体系的重要组成部分,它一方面具有社会道德的一般作用,另一方面它又具有自身的特殊作用,具体表现在:

(一)调节内外关系

职业道德的基本职能是调节职能。它一方面可以调节从业人员内部的关系,即运用职业道德规范约束职业内部人员的行为,促进职业内部人员的团结与合作。如职业道德规范要求各行各业的从业人员,都要团结、互助、爱岗、敬业、齐心协力地为发展本行业、本职业服务。另一方面,职业道德又可以调节从业人员和服务对象之间的关系。如职业道德规定了制造产品的工人要怎样对用户负责;营销人员怎样对顾客负责;医生怎样对病人负责;教师怎样对学生负责等等。

(二)提高企业信誉

一个企业的信誉,也就是它们的形象、信用和声誉,是指企业及其产品与服务在社会公众中的信任程度,提高企业的信誉主要靠产品的质量和服务质量,而从业人员职业道德水平高是产品质量和服务质量的有效保证。若从业人员职业道德水平不高,很难生产出优质的产品和提供优质的服务。

(三)促进行业发展

行业、企业的发展有赖于高的经济效益,而高的经济效益源于高的员工素质。员工素质主要包含知识、能力、责任心三个方面,其中责任心是最重要的。而职业道德水平高的从业人员其责任心是极强的,因此,职业道德能促进本行业的发展。

(四)提升社会道德

职业道德是整个社会道德的主要内容。职业道德一方面涉及每个从业者如何对待职业,如何对待工作,同时也是一个从业人员的生活态度、价值观念的表现;是一个人的道德意识、道德行为发展的成熟阶段,具有较强的稳定性和连续性。另一方面,职业道德也是一个职业集体,甚至一个行业全体人员的行为表现,如果每个行业,每个职业集体都具备优良的道德,对整个社会道德水平的提高肯定会发挥重要作用。

四、职业道德的基本规范

在新的时期,社会主义职业道德的基本规范内容更加丰富,更具有针对性。从共性的角度说,主要包括爱岗敬业、诚实守信、办事公道、服务群众、奉献社会等几个方面:

(一)爱岗敬业

就是要热爱本职工作,忠于职守,精通业务,积极钻研,勇于创新。

(二)诚实守信

就是要诚实无欺,信誉第一,不搞假冒伪劣,不追逐不义之财。

(三)办事公道

就是要客观公正,不徇私情,公私分明,不占便宜,公平合理,一视同仁,公道正派,平等竞争。

(四)服务群众

就是要真心实意、设身处地为服务对象、为产品的使用者着想,做到礼貌待人,热情周到,讲究质量。

(五)奉献社会

就是在职业生活中,要抛弃那种单纯为谋生、谋利而从业的态度,拒绝那种有损社会的行为,时时以是否有益于社会作为检验自己职业行为是否正当、合宜的标准。

以上所列的职业道德的基本规范,是适用于各行各业的共同要求,各行各业的具体职业道德规范必须服从并体现职业道德基本规范的要求。我们的子女今后无论从事什么岗位的工作,都必须遵循社会主义职业道德的基本原则和基本规范。

第三节　职业道德的影响因素

一、影响职业道德的因素

（一）社会道德影响职业道德

任何社会的职业道德总要受到该社会占统治地位的一般社会道德的影响和制约，它们之间在一定意义上是共性与个性的关系。资本主义社会的职业道德，尤其是资产阶级直接操纵和参与的那些职业的道德，受资产阶级利己主义道德原则的影响和制约最直接、最严重，它们是资产阶级一般道德原则的体现和具体补充。社会主义的职业道德则受共产主义道德原则的指导，同时又是共产主义道德原则和规范在各行各业的具体体现和补充。职业道德较之一般社会道德，具有以下特点：

1.职业道德是在历史上形成的，特定的职业环境中产生和发展起来的，它常常形成世代相袭的职业传统和比较稳定的职业心理和习惯，因此具有较强的稳定性和连续性。

2.职业道德反映着特定的职业关系，具有特定职业的业务特征，因而它的作用范围仅仅局限于特定的职业活动中，只对从事特定职业的人们具有约束力。

3.职业道德通常以规章制度、工作守则、服务公约、劳动规程、行为须知等形式表现出来。在阶级社会中，一般社会道德总是一定阶级的道德。作为意识形态的特殊形式的职业道德，总是一定社会的经济关系的反映，并体现一定阶级的要求和愿望，为一定阶级的利益服务。这是因为阶级社会中的职业最终都与一定阶级的实践活动相联系，并受本阶级的道德原则所制约。不同阶级的人们必然会把本阶级的观点和情感带进自己的职业生活中，形成不同的职业观和职业道德。剥削阶级总是把一些职业看成是"高贵"的，把另一些职业看成是"卑贱"的。那些所谓高贵职业的职业道德，往往更直接体现剥削阶级的利益和剥削阶级道德原则的精神，而劳动人民从事的那些所谓卑贱职业的职业道德，往往具有反抗剥削阶级的要求，同剥削阶级的道德原则相对立。但由于不同职业与统治阶级联系的远近、疏密程度不同，因而不同的职业道德受统治阶级道德影响的程度也不一样。不过，即使是医疗、体育、科学研究等这些并非直接隶属于统治阶级的职业的职业道德，也因其从业人员的职业活动不能摆脱该社会经济、政治制度和统治阶级道德原则的制约和影响,所以也具有一定的阶级性。

(二)自我修养影响职业道德

自我修养是指一个人按照一定社会或一定阶级的要求,经过学习、磨炼、涵养和陶冶的工夫,为提高自己的素质和能力,在各方面进行的自我教育和自我塑造,是实现自我完善的必由之路。指个人道德修养能力的培养和自我道德完善的过程。自我修养包括自我道德教育、自我道德锻炼和自我道德改造等各个过程。它是个人道德活动中的重要方面。现代社会自我修养的主要内容有:思想政治修养、道德修养、文化修养、审美修养、心理修养。自我品性修养主要表现在:

1.立志

就个人而言,一个人的成就大小与他对自己的期许和定位的高下有着密切的关系,一个自视甚高但又不狂妄自大的人,一个志向高远并踏实肯干的人,无疑会有更大的从无到有的成功机遇。若一个人妄自菲薄,目光短浅,做一个庸人而自乐,无疑会成为一个失败的凡夫俗子。同时,立志也可以体现出价值观、世界观、道德观,你看重的是什么,必然注定你追求的历程,决定了你的心态,即快乐是一天,痛苦也是一天。

2.立身

立身,也即修身,是我们存世的根本。加强个性修养,要有个性,但不能有性格。个性修养的加强,还是要把学习放在首位。在快餐文化如此泛滥的今天,读书时,还是应该多读些纸质书,细嚼慢咽地阅读,那种感觉是完全不同的,虽说读书短期内看不出成绩,但从长远来看,腹有诗书气自华,读书既可以提升气质、培育涵养,也可以滋养人生。个性的修养体现在工作上,表现为在工作中要不怕苦不怕累,我们应该发扬吃苦耐劳的精神,把工作当成一种乐趣,在赢得领导认可和同事尊重的同时也磨炼了自己的个性,提升了自身的职业道德,享受了工作的乐趣。

3.立德

个人品德是"内在的法",社会公德、职业道德、家庭美德的实现最终都要诉诸个人品德。个人品德是一定的社会道德原则和规范在个人思想和行为中的体现,是一个人在其道德行为整体中所表现出来的比较稳定的、一贯的道德特点和倾向。个人品德既是社会道德原则和规范的内化,也是个体作为主体对社会道德的认识、选择以及实践的结果,是个人在社会生活中的行为活动个性化了的道德特质。个人品德提高了,就可以"内德于己,外德于人",促进社会道德进步。特别是当前,在私人生活领域存在大量法律与制度难以约束的问题的情况下,必须坚持制度建设与个人品德建设并重,发挥道德模范的榜样作用,引导人们自觉履行法定义务、社会责任、职业道德、家庭责任。

二、职业道德影响职业成功

(一)职业成功的内涵

1.职业成功的概念

职业成功是指一个人所累积起来的、积极的、与工作相关的成果或心理上的成就感。西方学者一般将职业成功分为客观成功和主观成功两部分。客观的职业成功指标包括总体报酬、晋升次数和其他能表示个人成就的外部标志;主观的职业成功被认为是个人感觉到的对工作和职业发展的满意程度。

2.职业成功的标准

职业成功标准是人们对职业成果意义的认识和评价,它取决于人们自身的需要和愿望。既然人的需求是多种多样的,人对职业成功的评价就必然是多元化的。当我们越是关注职业成功的主观标准时,多元化的特点就越明显。

职业成功很难用一个绝对的标准来衡量。可是,职业成功作为一个评价性的概念,不论从哪个角度对成功做出评价,都与评价者的职业价值观紧密连在一起,或者毋宁说它是职业价值观的重要组成部分。因此,讨论职业成功的标准问题,实际上是在探讨职业成功价值观问题。所以,我们对职业成功标准研究的目的不是去寻找一种人人认同的客观标准,而更多地去关注不同的人是怎样定义职业成功,这种定义又怎样影响着他们的行为。从个人的角度而言,认清自己的内在需要,定义自己的职业成功标准而不是盲目攀比、追求时尚,才不至于在职业生涯的旅途中迷失方向;对于组织来说,了解员工的职业成功定位,有针对性采取因人而异的激励方案,是留住员工的有效措施。这就是我们反思、探讨职业成功标准的目的所在。

(二)职业道德素质是职业成功之本

职业道德素质,是指从事某种职业的个人所具有的职业认知、情感、人格、品质、行为以及所达到的水平。中国古代思想家孔子认为,道德修养是一个人立身处世的根基,是"治国"、"平天下"的重要条件。如今,养成良好的职业道德素质,无论对个人,还是对社会,都有重要的意义。

1.职业道德素质的作用

(1)职业道德素质是职业行为的指引

职业道德的实施具有自觉性的特点,它不像法律的实施需要依靠国家的强制力,而是依靠社会舆论、传统习惯,特别是内心信念起作用。只有把握了职业道德的原则和规范,并在实践中进行自我教育和自我锤炼,经过自己的切身体验后产生情感,形成信念,变成自己的内在要求,产生对职业道德义务的强烈责任感,才能将这种信念和要求转化为自己的职业道德行为,进而发挥职业道德的社会作用。

(2)职业道德素质是职业成功的基础

良好职业道德素质的养成,一要靠自己的主观努力,二要靠外因的正面影响,尤其是家庭环境、家庭教育的影响,正所谓"近朱者赤,近墨者黑"。当然外因也要通过内因起作用,只有自觉地养成良好的职业道德素质,才能防止和抵制各种不正之风的侵袭,坚定自己的道德信念,分清是非,辨明善恶,自觉做一个高尚的、有道德的人,做一个有益于人民、有益于集体的人,从而为自己收获成功、追求更高理想奠定前提和基础。

(3)职业道德素质是经济发展的要求

市场经济通行的是"利润至上"和"等价交换"的原则。如不加以正确引导和监督,就易走向极端,产生唯利是图、"金钱至上"、"利己主义"、坑蒙拐骗,掺杂使假、贿赂开路等不良道德现象。有些人误以为,在市场经济中,谁都在为利润最大化而努力,谁都可以为自身利益而为所欲为,只要哪里可以赚一把就往哪里钻。然而严酷的事实告诉我们,市场经济越发达,越要求人们守信重诺,具有良好的职业道德素质。市场经济的发展有赖于重新树立人们良好的职业道德观念,因此,提高职业道德素质,引导人们信用至上,爱岗敬业,讲究质量,团结协作,诚实劳动,诚信经营,有助于为社会主义市场经济体系提供稳定的人格基础,进而推动社会主义市场经济向更加健康的方向发展。

(4)职业道德素质是事业发展的前提

实现国泰民安、社会和谐的一个重要条件,是人们普遍具有较高的职业道德水平。如果全社会的劳动者都能养成良好的职业道德素质,必将有力地促进行业的兴旺发达,加快社会的经济发展,推动社会的和谐构建。如果我们人人把自己培养成具有较高职业道德素质的劳动者,那么,我们就能为构建社会的良好道德风尚、全面推进社会主义建设事业发挥举足轻重的作用。

(5)职业道德素质是事业成功的保证

在现代社会中,职业道德在人们事业中所起的作用表现得越来越突出。因为随着社会的进步,人们生活水平的提高往往是从人们享受的产品和服务的质量中得到具体体现的,而产品和服务质量取决于生产质量和服务水平,生产质量和服务水平的高低则又取决于人的职业技能和职业道德素质。我们每个人的工作都与他人的生活和整个社会的发展息息相关,如果每个人都有对他人的

183

责任感和对社会的使命感,我们今天的社会中就不会有那么多的假冒伪劣,就不会有那么多损人利己和危害他人的事件发生。在日益激烈的市场竞争中,产品的质量和服务的水平是企事业单位得以生存的重要因素,因此,越来越多的企事业单位开始注意自身的社会形象,开始注重提高单位职工的道德品质。

2.职业道德素质培养

职业道德素质的养成,是指在掌握职业道德基本规范的基础上,培养自己良好的职业道德人格和职业道德意识,并进行职业道德实践的过程。其实质是自觉接受职业道德教育,在心灵深处对不同的道德观念进行选择,择其善者而从之,其不善者而改之。而这种自觉接受教育的过程,又是建立在外界包括家长的约束、督促之上的。一个人对自己、对人生、对社会的正确认识,对职业道德素质养成的重大意义的深刻理解,是在接受社会的正确教育和外部的积极影响之下才会具有的。没有这一教育、约束、督促的过程,良好职业道德素质的养成就可能成为空话。所以,在职业道德素质的形成过程中,一定要发挥正面的积极的作用。

(1)做知行统一者

职业道德具有知行统一性,不仅要懂得所从事职业的道德规范与要求,明确是非善恶的标准,而且要在实践中,按照社会主义职业道德的原则与规范去行动,让职业道德的原则、规范体现在自己具体的职业实践中,具体的对待工作、对待他人的态度、行为中。如果在知或行的任何环节上出现脱节的现象,那么就需要教育和引导。首先要知规范、知标准,不能是非颠倒、善恶不分;其次,要实践规范、实践标准,不能嘴上说的和行动上做的完全不对号。一句话,要坚持理论联系实际的根本方法,做职业道德的知行统一者。

(2)做自觉行动者

职业道德素质的养成,归根到底要靠自身的觉悟,要靠自己教育自己,自己战胜自己思想上、行为上与社会主义职业道德原则和规范不相吻合的方面。"人非圣贤,孰能无过?"在纷繁复杂的社会生活中,在以追求利润为目的的市场经济中,利欲、金钱常常会腐蚀和侵袭人的心灵,使人丢弃原有的职业道德准则与规范,走上犯错的道路。如果经常进行自我反省、自我解剖、自我批评,及时发现自己犯错的根源,知错就改,严于自律,则良好职业道德素质的养成必能达到较高的程度。

(3)做坚定实践者

"慎独"是职业道德素质养成的重要方法,也是一种较高的职业道德境界。所谓"慎"是指谨慎、警觉的意思,"独"是指在没人看见、自己独处的时候。这种职业道德修养要求做到:在无人看见、监督的情形下,仍然能不放松对自己的要求,并且要更加警觉,坚持自己的道德信念,自觉地按照社会主义职业道德准则去行动,不做任何坏事。

显然,"慎独'强调的是要在"隐"和"微"处下工夫。因为当人们独处的时候,最易放松道德的警觉而恣意妄为。其实,内心深处的念头、最隐蔽不为人知的言行、最细微的举动,才最能显示一个人的道德灵魂。如果我们能够坚持不懈地实践"慎独"的修养方法,就能锻炼在职业道德修养方面的主体精神和主动意识,真正使道德修养成为内在的要求,从而达到理想的职业道德境界。

第四节　职业道德人格的培养

一、职业道德人格的内涵

在职业活动中,职业者将职业道德准则、职业道德规范内化为职业者精神特质,养成良好的职业道德品质和自觉的职业道德行为习惯,即形成了职业道德人格。

作为一种道德人格类型的职业道德人格,是指具有鲜明的职业道德品质的人格特征。它是在一定社会文化基础之上,在职业活动过程中形成的包括一定的职业理想、职业态度、职业责任、职业技能、职业纪律、职业良心、职业荣誉和职业作风在内的人的完整品格。

(一)职业道德人格是从业者的职责

职业道德责任感归根到底是职业价值观问题。良好的职业道德人格应对职业者从事职业的社会价值,即在社会中的地位和作用有明确的认识。职业者只有对职业在满足社会及个人需要的意义有充分的认识,才会乐业、敬业,在职业活动中表现出强烈的责任感。能在满足个人需要、实现自我价值的同时,顾及个人行为可能对他人、社会产生的影响,并主动对个人职业活动后果承担责任。

(二)职业道德人格是职场成功的需要

职业道德人格是现代社会对职业者应具有的素质的基本要求。这种现代道德人格首先尊重人的自由、平等。现代生活中正在出现并扩大着的人与人之间的共同利益、共同价值以及正在形成着的共同规则、共同伦理,这些都是一个现代职业人所必须承认和遵守的。

185

现代社会条件下,人的主体性不断发展和弘扬的过程,正是人的精神不断获得自由、不断完善的过程,也是人的道德自律不断发展的过程。由于人的精神不断完善和发展,人才能不断认识自身,才会有真正人的生活,人才会与社会相适应,促进社会的和谐发展。因为人是社会的人,道德生活便构成了人类生活的重要特征,具有高尚道德的人才会有真正的人的生活。所以,只有现代道德人格的建立,人的主体性才能得以弘扬,推动着人迈向更高层次的道德境界,做到对他人的尊重、宽容、关怀、理解,学会通过对话、沟通,克服自私狭隘、自我中心式的人格取向,才能真正实现道德主体意识的提升。

(三)职业道德人格是职业人的追求

职业道德人格培养是在道德层面进行的,注重的是人的精神境界的修养,更能反映现代社会对人的本质要求。具有职业道德人格的职业人能够把对职业活动过程中的科学认识进一步提高到道德层次上,把关于个人与职业活动各方面关系的科学知识转化为职业道德认识、职业道德情感,转化为内心命令和信念,驱动自己在思想、情感、行为上与职业道德关系和职业道德行为认同。职业道德人格的养成并不像学习掌握专业知识技能那样容易,需要主体在职业实践活动中,通过内在的选择、认同,直接的、动态的反复体验,在当前社会急剧变化,社会价值日益多元化,面临着各种价值冲突和选择的情况下,进行正确的个人价值定位,提高职业道德价值选择判断的能力和职业道德推理能力,将道德观念和规范内化为自身的品德结构。

二、职业道德人格的塑造

马克思主义的道德学说认为德性是在一定的社会环境和物质条件下,在一定的社会实践和教育中,经过个人自觉的锻炼和修养形成的。职业道德人格的塑造,固然离不开特定的外在经济、政治和文化因素的影响和制约,但更取决于系统的道德教育和道德人格主体不断的自我修养与自我完善。尤其是青年学生职业道德人格的提升,不仅要通过道德教育,将外在的道德规范转化为个人的内在品德,而且要通过个体的自我品德培养,逐步由自觉到自成,再到自由境界,逐步完善自己的职业道德人格。

因此,培养正确的职业道德观。首先,要加强职业道德知识的教育,理解和掌握社会主义的职业道德准则,只有职业分工,没有高低贵贱。其次,加强实际体验,通过职业实践,使其产生和丰富职业道德情感,把职业道德的发展变成自身生活的一部分,唤起对职业的荣誉感和责任感,能进一步明辨是非、善恶、美丑和荣辱。再次,在职业道德认识和情感的基础上,使其产生职业道德力量,树立起科学的职业观和职业理想,排除主客观困扰,增强工作信心,积极进取,忠于职守,最终成为职业习惯和自觉的行动。

(一)职业道德修养

1.塑造职业道德的可能性

职业道德是一种获得性品质,是一种共同体成员,在共同领域和共同追求中不可或缺性的品质,是与人的职业生涯内在相关的品质。社会性是人的最本质的人性,因此,使维护社会关系的道德成为可能,从而也使职业道德的塑造成为可能。伦理学所要追求的就是人之本性的不断改善,造就全面自由发展的自我人性和个性存在,也就是说,人性的自觉规范并非只有伟人才能做得到,只要我们有健全的理智和意志,我们就能规范自己的人性,从而使自己成为道德高尚的人。

2.塑造职业道德的现实性

在社会生活中,职业活动不仅是人们相互联系最重要的桥梁之一,同时也是人的全面发展的最重要条件。历史发展到今天,人类正走向信息社会和知识经济时代,中国也正在向社会主义市场经济体制和知识技术创新型社会过渡。在这样的时代里,企业将逐步取代家庭在社会中的重要地位,成为社会的主体,社会和企业对从业人员的要求越来越高,包括敬业、诚信等品德在内的要求也越来越严。从发展的角度看,一方面良好的职业道德人格可以认识到自己对社会所担负的职责和义务,深刻理解人生的意义,确立和巩固正确的人生目的,较快地在职业实践中成长为训练有素的骨干人才,具有更强的竞争力;另一方面职业道德人格发展和完善过程中,会得到一种自我肯定和超越现实的满足,获得崇高感、价值感和幸福感,从而感受到人生的美好,得到精神上的愉悦和享受。

(二)职业道德人格塑造

职业道德人格,是作为从事特定职业的个人的人格道德规范,是从业人员个人的职业道德行为和职业道德品质的高度统一和集中体现。说到底,职业道德人格是从业人员在一定的道德意识支配下所表现出来的有利于他人、有利于社会的行为。各行各业所树立的职业道德标兵就是所在行业职业道德人格的典范,他们共同的人格特征,就是凡事为他人着想、为集体着想,特别有事业心,特别能吃苦,特别能战斗,特别能创新,特别守信用,特别受同事尊崇,特别受领导、群众欢迎。在成长的过程中,应学习身边的职业道德典型,并从共同信守家庭成员间的承诺做起。父母等家庭成员在如何对待事业、对待工作、对待他人、对待社会等具体问题、细节问题上也要树立好榜样。父母热情待人、助人为乐、

187

厚爱他人的道德风范,父母视产品质量为生命、精益求精、诚实守信的从业风范,会在子女的身上再现,从而使父辈良好的职业道德人格在一代又一代子女身上得到传承与光大。

(三)职业道德情感培养

职业道德情感,是人们在处理自己职业关系及评价职业行为的过程中,形成的荣辱好恶等情绪和态度,主要包括对所从事职业的认识、情感、责任感,对职业对象的情感、责任感等。职业道德情感一经形成,就会成为一种稳定而强大的力量,敬业爱岗等职业道德素质将内化为人们的内在要求和自觉行为。

职业道德情感的培养需要从端正职业道德认识开始。而职业道德认识的培养,首先要从热爱专业,正确认识所学专业在国家、社会中的地位、性质、作用,正确认识自己职业的服务对象、服务手段等方面做起。必须清醒地认识到,一个人的生命和精力都是有限的,人生在世通常只能以某一个适合自己的职业为生,世界之大,职业之多,要做的事情层出不穷,非一个人一生所能担当和解决。作为个人,重要的是把自己的专业学好,把自己的岗位站好,学一行、爱一行、钻一行,努力使自己成为本专业、本行业的行家里手,为他人、为社会多尽义务,多作奉献。三百六十行,行行都重要,职业无贵贱,服务无高低,无论从事何种职业,人们都是服务者,又都是被服务的对象,所谓我为人人,人人为我。如果有了这种认识,有了这种心态,就会形成比较稳定的爱岗敬业、任劳任怨、艰苦奋斗、埋头苦干、勤奋钻研、积极创新的职业品格,并心甘情愿地为之而奋斗一生。

(四)职业道德人格培养策略

1. 树立科学培养理念

职业教育培养的是现代职业人,不是机器人式的熟手技工。高素质的职业院校学生他们既要有能耐,还要有道德,不只会机床数控,还应该懂得团队合作,甚至略通天文地理。学生在接受高职教育的过程中,不仅仅是技术的传递,还要是文明的传承,学会正确对待自然、正确对待社会、正确对待他人以及正确对待自己。因此,肩负教育功能的高职院校都有责任把目光重新聚焦在如何培养一个德才兼备的完整的职业人上。

面对现代社会日益开放,面对来自多种途径的庞杂信息和各种是非难辨、似是而非的思想价值观念,学校职业道德教育必须正视道德冲突,解决道德困惑,从根本上去寻求解决问题的办法。职业道德教育的重点从传授道德知识和灌输现成结论,转移到让学生掌握"批判的武器",培养学生敏锐的道德观察能力,加深对职业道德原则的理解,培养学生的道德判断能力和选择能力,教会学生自己选择正确的职业道德取向,培养学生形成解决这类道德冲突问题的思维框架和思维方式,使他们能以自己的道德鉴别、道德判断、道德选择能力去应对千变万化的社会生活。

2. 建立合理培养模式

任何人的职业道德理想、职业道德品质、职业道德习惯、职业道德修养等都不是在短期内形成的,仅靠某一段时间的教育难以达到教育的目的,正确的职业道德人格的形成要有一个过程。职业道德人格培养渗透在思想政治教育过程中,在不同的阶段,由浅入深,由宽泛到系统,开展侧重点不同的职业道德教育,如在新生入学之后的思想道德修养课的教学中,注意将一些成功的典型事例引入教学内容中,把职业义务、职业良心、职业纪律、职业公正、职业信誉的相关内容融入各章的教学中去,使学生对这些问题有了初步的认识。在二年级,在心理健康教育中,注重培养大学生的独立性、创造性和探索精神,以及如何应对挫折、调整情绪、锻炼意志品质。在三年级学生中系统讲授有关职业道德的理论知识。职业道德人格作为职业人格的重要内容,与各学科、各专业业务是紧密相连的,各门学科或专业课在本学科发展中总是体现了某种道德和职业道德精神。因此,要把职业道德人格培养落到实处,高职院校必须在全体教职工中树立"职业道德教育全方位、全过程渗透"意识,并从教学计划、课程大纲、教学内容、教学模式等方面给予贯彻落实。

3. 营造和谐发展氛围

人是社会环境的创造者,同时又是社会环境的产物,这对矛盾的运动推动着人和社会的共同发展。从人是社会环境的产物来讲,人的一切都离不开社会环境,道德人格的培育也是如此。道德人格的培育离不开社会环境的整治和优化,这一方面是因为良好的社会环境为道德人格的培养提供了广阔的天地,另一方面,良好的社会环境对道德人格的培育起着强有力的推动作用。因此,我们要正确地认识环境、科学地利用环境、积极地优化环境,从物质、精神、情感等方面建立对高技能人才的激励导向机制,营造鼓励高技能人才成长的良好环境,为学生成长为道德健康的高技能人才提供平台和机会。

4. 确立德才并重导向

一个既具有极高思想境界,又能高超地将科学转化为生产技术的劳动者,才是社会特别需要的高级人才。作为高技能人才,不仅要有较强的动手能力和实践能力,既能动手又能动脑,有较强的现场适应能力,"一专多能",而且有很高的职业素质和敬业精神,具备安于一线工作的意识和素质,有高度的社会责任感和服务意识、艰苦创业的意识、企业的主人翁意识、立志岗位成才和终身学习的意识,吃苦耐劳,乐于奉献,愿与工农打成一片,热爱本职工作,对本专业工种有着浓厚的兴趣和深厚的感情,立足平凡岗位刻苦钻研技术业务,不惜克服重重困难,去解决生产中一个个难题,并注意在实践中不断探索、不断总结、不断积累、不断提高。合格的高技能人才是既有"能耐"也有"道德"的现代职业人,是德才兼备的完整的人。

5. 发挥示范激励作用

"示范群体以自己的言行举止有目的影响公众的道德意识与道德行为,使公众在富有感染力与说服力的道德示范作用之下,自觉地接受与践行特定的道德规范要求。"典型理想职业道德人格是按照职业原则和规范标准达到的一种完善、高尚的职业道德品质和行为,具有广泛、持久、深刻的影响和感染力。那种能充分表现出真、善、美的职业道德人格,可信、可亲、可爱、可敬,能为高职生提供道德学习范例,激发他们的情感共鸣,产生模仿意愿。

一方面,加强对高技能人才职业道德人格示范群体的真实的提炼和宣传,大力弘扬高技能人才的社会责任感和服务意识、艰苦创业的意识、企业的主人翁意识、立志岗位成才和终身学习的意识,吃苦耐劳、乐于奉献的精神。另一方面,完善高技能人才职业道德人格培养发展的政策和制度保障,在高技能人才的考核和任用上,应当将是否有良好职业道德人格的作为一个重要的指标,把具有良好职业道德人格的人提拔到重要岗位,而对缺乏职业道德人格者进行惩处。政府的导向政策和宏观调控无疑会对改变人们的观念,促进高技能人才的脱颖而出产生积极的推动作用。

健康职业人格的最终定型,需要学校、社会和个人的共同努力。具有一定道德认知水平和道德判断、选择能力的高职生能否实践道德的职业行为,与社会环境有密切关系。通过对政治体制、经济体制、教育体制和科技体制进行科学的配套改革,努力净化职业环境,优化行业伦理,尽量避免社会的负面因素抵消高职院校德育的成效,为高职生职业道德人格的培养提供良好的社会文化氛围、道德环境、制度环境和人际环境,促使学生在复杂的职业生活中真正塑造起健康的、渐趋成熟的职业人格。

【职业价值观测评】

一、认真回答"职业价值观测评"中的每个问题(见表 8.1),为自己在选择职业时提供参考。(回答本问卷最重要的是真实,按照你的真实想法在问题后的 5

个选择中选择,在相应的分值上打"√")

表 8.1　职业价值观测评表

问题	很不重要	较不重要	一般	比较重要	非常重要
1.你的工作必须经常解决新的问题。	1	2	3	4	5
2.你的工作能为社会带来看得见的效果。	1	2	3	4	5
3.你的工作奖金很高。	1	2	3	4	5
4.你的工作内容经常变换。	1	2	3	4	5
5.你能在你的工作范围内自由发挥。	1	2	3	4	5
6.你的工作能使同学、朋友非常羡慕你。	1	2	3	4	5
7.你的工作带有艺术性。	1	2	3	4	5
8.你的工作能使人感觉到你是团体中的一分子。	1	2	3	4	5
9.不论表现如何,你总能和大多数人一样晋级、加工资。	1	2	3	4	5
10.你的工作使你有可能经常变换工作地点、工作场所或工作方式。	1	2	3	4	5
11.在工作中你能接触到各种不同的人。	1	2	3	4	5
12.你的工作上下班时间比较随便、自由。	1	2	3	4	5
13.你的工作使你有不断取得成功的感觉。	1	2	3	4	5
14.你的工作赋予你高于别人的权力。	1	2	3	4	5
15.在工作中,你能试行一些自己的新想法。	1	2	3	4	5
16.在工作中,你不会因身体、能力等因素,被人瞧不起。	1	2	3	4	5
17.你能从工作的成果中,知道自己做得不错。	1	2	3	4	5
18.你的工作经常要外出、参加各种集会和活动。	1	2	3	4	5
19.只要你干上这份工作,就不会再被调到其他意想不到的单位或工种上去。	1	2	3	4	5
20.你的工作能使你的世界更美丽。	1	2	3	4	5
21.在你的工作中,不会有人常来打扰你。	1	2	3	4	5
22.只要努力,你的工资会高于其他同龄的人,升迁或加工资的可能性比其他工作大得多。	1	2	3	4	5
23.你的工作是一项对智力的挑战。	1	2	3	4	5

续　表

问题	很不重要	较不重要	一般	比较重要	非常重要
24.你的工作要求你把一些事务管理得井井有条。	1	2	3	4	5
25.你的工作单位有舒适的休息室、更衣室及其他设备。	1	2	3	4	5
26.你的工作有可能结识各行各业的知名人物。	1	2	3	4	5
27.在你的工作中,能和同事建立良好的关系。	1	2	3	4	5
28.在别人的眼中,你的工作是很重要的。	1	2	3	4	5
29.在工作中你经常接触到新鲜的事物。	1	2	3	4	5
30.你的工作使你能常常帮助别人。	1	2	3	4	5
31.你在工作中,有可能经常变换工种。	1	2	3	4	5
32.你的工作使你被别人尊重。	1	2	3	4	5
33.你工作单位的同事和领导人品较好,相处比较随便。	1	2	3	4	5
34 你的工作会使许多人认识你。	1	2	3	4	5
35.你的工作场所很好,比如有适度的灯光,舒适的坐椅,安静、清洁的环境,宽敞的工作空间,甚至恒温等优越的条件。	1	2	3	4	5
36.在工作中,你为他人服务,使他人感到很满意,你自己也就很高兴。	1	2	3	4	5
37.你的工作需要计划、组织别人的工作。	1	2	3	4	5
38.你的工作需要敏锐的思考。	1	2	3	4	5
39.你的工作可以使你获得较多的额外收入,比如发实物或商品的提货券,有机会购买进口货等。	1	2	3	4	5
40.在工作中你是不受别人差遣的。	1	2	3	4	5
41.你的工作结果应该是一种艺术品而不是一般的产品。	1	2	3	4	5
42.在工作中不必担心会因为所做的事情领导不满意,而受到训斥或经济惩罚。	1	2	3	4	5
43.在你的工作中能和领导有融洽的关系。	1	2	3	4	5
44.你可以看见你努力的成果。	1	2	3	4	5

问题	很不重要	较不重要	一般	比较重要	非常重要
45.在工作中常常要你提出许多新的想法。	1	2	3	4	5
46.由于你的工作,经常有许多人来感谢你。	1	2	3	4	5
47.你的工作成果常常能得到上级、同事或社会肯定。	1	2	3	4	5
48.在工作中,你可能做一个负责人,虽然可能只领导很少几个人,你信奉"宁做兵头,不做将尾"的俗语。	1	2	3	4	5
49.你从事的那一种工作,经常在报刊、电视中被提到,因而在人们的心目中很有地位。	1	2	3	4	5
50.你的工作有数量可观的夜班费、加班费、保健费或营养费等。	1	2	3	4	5
51.你的工作体力上比较轻松,精神上也不紧张。	1	2	3	4	5
52.你的工作需要和电影、电视、戏剧、音乐、美术、文学等艺术打交道。	1	2	3	4	5

二、评分方法与结果分析

把下列规定的问题分组选定的分值相加,填在后面的横线上,并选定得分最高的三项和最低的三项。然后对照职业价值观说明表(表8.2)进行分析。

第一项(2、30、36、46):　　合计

第二项(7、20、41、52):　　合计

第三项(1、23、38、45):　　合计

第四项(13、17、44、47):　　合计

第五项(5、15、21、40):　　合计

第六项(6、28、32、49):　　合计

第七项(14、24、37、48):　　合计

第八项(3、22、39、50):　　合计

第九项(11、18、26、34):　　合计

第十项(9、16、19、42):　　合计

第十一项(12、25、35、51):　　合计

第十二项(8、27、33、43):　　合计

第十三项(4、10、29、31):　　合计

得分最高的三项是：_____。

得分最低的三项是：_____。

表 8.2　职业价值观说明表

项目	价值观	说明
一	利他主义	工作的目的和价值，在于直接为大众的幸福和利益尽一份力。
二	追求美德	工作的目的和价值，在于不断的追求美的东西，得到美感享受。
三	智力激发	工作的目的和价值，在于不断进行智力的操作，动脑思考，学习以及探索新事物，解决新问题。
四	成就感	工作的目的和价值，在于不断创新，不断取得成就，不断得到领导与同事的赞扬，或不断实现自己的愿望。
五	独立性	工作的目的和价值，在于能充分发挥自己的独立性和主动性，按自己的方式、步调或想法去做，不受他人的干扰。
六	声望地位	工作的目的和价值，在于从事的工作在人们的心目中有较高的社会地位，从而使自己得到他人的重视与尊敬。
七	权力支配	工作的目的和价值，在于获得对他人或某事物的管理支配权，能发挥和调遣一定范围内的人或事物。
八	经济报酬	工作的目的和价值，在于获得优厚的报酬，使自己有足够的财力去获得自己想要的东西，使生活过得较为富足。
九	社会交际	工作的目的和价值，在于能和各种人交往，建立比较广泛的社会联系和关系，甚至能结识知名人物。
十	安全感	不管自己能力怎么样，希望在工作中有一个安稳的局面，不会因为奖金、加工资、调动工作或领导训斥等经常提心吊胆、心烦意乱。
十一	舒适环境	希望能将工作作为一种消遣、休息或享受的形式，追求比较舒适、轻松、自由、优越的工作条件和环境。
十二	同事关系	希望一起工作的大多数同事和领导人品较好，相处在一起感到愉快、自然，认为这就是很有价值的事，是一种极大的满足。
十三	追求新异	希望工作的内容应该经常变换，使工作和生活显得丰富多彩，不单调枯燥。

从得分最高、最低的三项中，可以大致看出你的价值观倾向，在选择职业时可以作参考。

参考文献

[1]杜君立.找准你的职场定位.北京:人民邮电出版社,2010.

[2]高玉祥.健全人格及其塑造.北京:北京师范大学出版社,2002.

[3]邹汉林.改变性格改变命运.北京:中国纺织出版社,2010.

[4]曾玲娟.职业教育心理学.北京:北京师范大学出版社,2010.

[5]霍平,郝丽艳.大学生职业生涯设计.北京:首都师范大学出版社,2008.

[6]楼根良.心理健康与职业生涯规划.杭州:浙江工商大学出版社,2011.

[7]肖利哲,王雪原,武建龙等.大学生职业生涯规划理论与设计.北京:科学出版社,2011.

[8]顾雪英等.当代大学生职业生涯规划.北京:高等教育出版社,2011.

[9]俞文钊.职业心理与职业指导.北京:人民教育出版社,1996.

[10]刘远我.职业总动员.北京:经济管理出版社,2003.

[11]叶星,吴建斌.心理健康指导.杭州:浙江科学技术出版社,2011.

[12]黄信景.职业生涯与心理健康指南.北京:中国工人出版社,2010.

[13]陈龙海,李忠霖.职业心态训练.北京:北京师范大学出版社,2008.

[14]杨琴.浅谈职业兴趣的内涵及其培养.湖南科技学院学报,2006(27).

195

图书在版编目（CIP）数据

职业人格培养论 / 吴建斌著. —杭州：浙江大学
出版社，2012.6
ISBN 978-7-308-10039-7

Ⅰ.①职… Ⅱ.①吴… Ⅲ.①职业道德 Ⅳ.
①B822.9

中国版本图书馆 CIP 数据核字（2012）第 110719 号

职业人格培养论

吴建斌 著

责任编辑	张　琛	
封面设计	刘依群	
出版发行	浙江大学出版社	
	（杭州市天目山路 148 号　邮政编码 310007）	
	（网址：http://www.zjupress.com）	
排　　版	杭州中大图文设计有限公司	
印　　刷	杭州杭新印务有限公司	
开　　本	710mm×1000mm　1/16	
印　　张	12.75	
字　　数	222 千	
版 印 次	2012 年 6 月第 1 版　2012 年 6 月第 1 次印刷	
书　　号	ISBN 978-7-308-10039-7	
定　　价	36.00 元	